“新工科建设”教学探索成果·“十三五”规划教材

微积分同步练习与提高

（二）

孙海娜　主编

涂黎晖　余琛妍　李莎莎　王聚丰　　副主编

苏德矿　主审

電子工業出版社
Publishing House of Electronics Industry
北京·BEIJING

内 容 简 介

本书是与《微积分学》（下册）（吴正昌 蔡燧林 孙海娜编著）配套的学习辅导用书，全书知识点涉及向量代数与空间解析几何、多元函数微分学、重积分、曲线积分与曲面积分、常微分方程。

本书共分三部分：第一部分为基础题，针对微积分教材重要的知识点的基础性的习题；第二部分为提高题，在原有的习题难度基础上，结合教材内容和考研大纲筛选出具有一定综合性的习题，并给出了详细的解题思路和解答过程，该部分可作为学有余力的学生提高数学解题能力的参考内容；第三部分为期中、期末样卷，可供学生复习备考之用。

本书侧重于强化训练读者的抽象思维能力、逻辑思维能力、空间想象能力、运算能力和运用所学知识分析解决问题能力。

图书在版编目(CIP)数据

微积分同步练习与提高. 二 / 孙海娜主编. —北京：电子工业出版社，2018.2
ISBN 978-7-121-31976-1

I. ①微… II. ①孙… III. ①微积分－高等学校－教学参考资料 IV. ①O172

中国版本图书馆 CIP 数据核字（2017）第 139729 号

策划编辑：章海涛
责任编辑：章海涛　　　　文字编辑：孟 宇
印　　刷：固安县铭成印刷有限公司
装　　订：固安县铭成印刷有限公司
出版发行：电子工业出版社
　　　　　北京市海淀区万寿路 173 信箱　　邮编：100036
开　　本：787×1092 1/16　　印张：23.25　　字数：290 千字
版　　次：2018 年 2 月第 1 版
印　　次：2025 年 1 月第 8 次印刷
定　　价：30.00 元

凡所购买电子工业出版社图书有缺损问题，请向购买书店调换。若书店售缺，请与本社发行部联系，联系及邮购电话：(010)88254888，88258888。

质量投诉请发邮件至 zlts@phei.com.cn，盗版侵权举报请发邮件至 dbqq@phei.com.cn。

本书咨询联系方式：192910558（QQ 群）。

前　言

微积分是高等学校工科类专业、经管类专业一门重要的数学基础课。高等学校里学习数学，已被人们公认为不仅是为了掌握一种工具、增长知识，更重要的是培养一种思维模式、提高文化素养。能否用数学的思维、方法去思考、推理以及定量分析一些自然现象和经济现象，是衡量民族科学文化素质的重要标志，提高数学素养在培养高素质人才中有着不可替代的作用。

本书根据高等教育工科类专业微积分下册教学大纲的要求，并结合多年的教学实践编写而成。本书也是与高等教育出版社出版的《微积分学》（下册）（吴正昌 蔡燧林 孙海娜编著）相配套的学习辅导用书，全书知识点涉及向量代数与空间解析几何、多元函数微分学、重积分、曲线积分与曲面积分、常微分方程。

本书可作为工科类专业学生的学习参考用书，也可作为报考工科类专业硕士研究生的辅导用书。

本书的编写自始至终得到浙江大学宁波理工学院领导的支持和关怀，数学组全体老师对各章节习题进行了筛选、演算和校正，并提出了很多宝贵的意见，编者在此一并向他们表示衷心的感谢。

由于编者水平有限，诚恳希望使用此书的同行和读者们能及时指出书中存在的问题，以便改正。

编者
2017 年 6 月
浙江大学宁波理工学院

目　录

第 9 章　向量代数与空间解析几何同步练习

9.1　向量和向量运算

1．设$\vec{u}=\vec{a}+3\vec{b}-\vec{c}$，$\vec{v}=-\vec{a}+2\vec{b}+3\vec{c}$，用$\vec{a}$，$\vec{b}$，$\vec{c}$表示$2\vec{u}+3\vec{v}$。

9.2　空间直角坐标系

2．已知$\overrightarrow{AB}=3\vec{i}+\vec{j}-\vec{k}$，$A$点的坐标为$(0,5,3)$，求$B$点的坐标。

3．求$\vec{a}=2\vec{i}+2\vec{j}-\vec{k}$的模、方向余弦和与其同方向的单位向量。

4．已知向量$\vec{a}$的模为 5，与x轴正向的夹角为$\dfrac{\pi}{4}$，与y轴正向的夹角是$\dfrac{\pi}{3}$，求向量$\vec{a}$。

9.3 标量积、向量积与混合积

5．已知$\vec{a}$和$\vec{b}$的夹角$\theta=\dfrac{2\pi}{3}$，$|\vec{a}|=3$，$|\vec{b}|=4$。求$(3\vec{a}-2\vec{b})\cdot(\vec{a}+2\vec{b})$。

6．已知$\vec{a}=4\vec{i}-2\vec{j}-4\vec{k}$，$\vec{b}=6\vec{i}-3\vec{j}+2\vec{k}$，求$\vec{a}\cdot\vec{b}$。

7．求向量$\vec{a}=\vec{i}+\vec{j}-4\vec{k}$和$\vec{b}=\vec{i}-2\vec{j}+2\vec{k}$的夹角。

8．已知三角形ABC三顶点坐标$A(1,2,3)$，$B(2,0,6)$，$C(0,3,1)$，求三角形ABC面积。

9．已知$\vec{a}=\{2,-3,1\}$，$\vec{b}=\{1,-1,3\}$，$\vec{c}=\{1,-2,0\}$，求$(\vec{a}+\vec{b})\times(\vec{a}-\vec{b})$。

10．求与向量$\vec{a}=2\vec{i}+2\vec{j}+\vec{k}$和$\vec{b}=-\vec{i}+5\vec{j}+3\vec{k}$都垂直的单位向量。

11．证明点$A(1,1,1)$，$B(10,15,17)$，$C(4,5,6)$，$D(2,3,3)$共面。

12．求以$A(2,4,7)$，$B(3,5,5)$，$C(3,4,4)$，$D(1,1,1)$为顶点的四面体体积。

13．设$|\vec{a}|=4$，$|\vec{b}|=3$，$\vec{a}$和$\vec{b}$的夹角为$\dfrac{\pi}{6}$，求以$\vec{a}+2\vec{b}$和$\vec{a}-3\vec{b}$为边的平行四边形的面积。

14．设$|\vec{a}|=\sqrt{3}$，$|\vec{b}|=1$，$\vec{a}$和$\vec{b}$的夹角为$\dfrac{\pi}{6}$，求向量$\vec{a}+\vec{b}$和$\vec{a}-\vec{b}$的夹角。

9.4 空间曲面

15．将zx平面上的抛物线$z^2=5x$绕x轴旋转一周，求所生成的旋转曲面的方程。

16. $x^2+y^2=4$ 在平面直角坐标系中和空间直角坐标系中各表示怎样的几何图形？

9.5 空间曲线

17. 求曲线 $\begin{cases}x^2+y^2+z^2=9\\x+z=1\end{cases}$ 在 xy 平面上的投影的方程。

18. 求曲面 $z=x^2+y^2(0\leqslant z\leqslant 4)$ 在三坐标平面上的投影。

19. 把下列曲线方程化为参数方程：

（1）$\begin{cases}x^2+y^2+z^2=9\\y=x\end{cases}$；（2）$\begin{cases}(x-1)^2+y^2+(z+1)^2=4\\z=0\end{cases}$；（3）$\begin{cases}x^2+y^2=1\\x+y+z=0\end{cases}$。

（3）通过 x 轴且垂直于平面 $5x-4y+2z+3=0$；

（4）过点 $M_1(2,-1,1)$ 和 $M_2(3,1,2)$ 且平行于 y 轴。

22．求点 $P\ (2,-1,-1)$ 到平面 $16x-12y+15z-4=0$ 的距离。

23．已知平面 π 与平面 $x+2y-2z+1=0$ 的距离是 5，求平面 π 的方程。

24．判断下列各对平面间的位置关系：

（1）$2x-3y+5z-7=0$ 和 $4x-6y+10z+3=0$；

（2）$3x-y-2z-5=0$ 和 $x+9y-3z+2=0$；

9.6 平面

20．求下列各平面的方程：

（1）过点 $(0,-3,3)$ 且与平面 $3x+2y+4z-5=0$ 平行；

（2）过点 $M_1(0,1,2)$，$M_2(-1,2,2)$ 和 $M_3(1,-1,4)$；

（3）过点 $(1,-2,4)$ 且垂直于 x 轴.

21．求下列各平面的方程：

（1）过两点 $P(1,1,2)$，$Q(2,-1,2)$ 且平行于向量 $\vec{n}=\{3,2,1\}$；

（2）过一点 $M(1,3,2)$ 且平行于两向量 $\vec{n}_1=\{1,-1,1\}$，$\vec{n}_2=\{3,1,2\}$；

（3）$2x+3y-z-3=0$ 和 $-4x-6y+2z+6=0$。

9.7 直线

25．求空间直线的方程：

（1）过原点且与直线 $\dfrac{x-1}{3}=\dfrac{y+2}{-1}=\dfrac{z-4}{5}$ 平行；

（2）过点 $(2,0,1)$ 且垂直于平面 $x+3y-5z=0$；

（3）过点 $(1,2,0)$ 与点 $(2,1,3)$；

（4）过点 $(-2,1,-1)$ 且平行于向量 $\vec{a}=\vec{i}-2\vec{j}+3\vec{k}$。

26．转化直线方程$\begin{cases}5x+y+z=0\\2x+3y-2z+5=0\end{cases}$为对称式方程和参数式方程。

27．求直线$x-2=y-3=\dfrac{z-4}{2}$与平面$2x-y+z-6=0$的夹角。

28．求过点$(2,1,3)$且与直线$\dfrac{x+1}{3}=\dfrac{y-1}{2}=\dfrac{z}{-1}$垂直相交的直线方程。

9.8 综合例题

29．求点$(-1,2,0)$在平面$x+2y-z+1=0$上的投影。

30．求过点$P(1,-2,3)$和直线$\begin{cases}2x-3y+z-3=0\\x+3y+2z+1=0\end{cases}$的平面方程。

9.9 二次曲面

31．画出下列曲面所围图形：

（1）$z=x^2+y^2$，$z=\sqrt{1-x^2-y^2}$；

（2）$x^2+y^2=a^2$，$z=x^2+y^2$，$z=0$。

姓名:________ 学号:________ 所在院系:________ 所在班级:________

第 9 章　向量代数与空间解析几何提高题

1．求通过点 $P(2,-1,-1)$，$Q(1,2,3)$ 且垂直于平面 $2x+3y-5z+6=0$ 的平面方程。

2．求过直线 L：$\begin{cases} x+5y+z=0 \\ x-z+4=0 \end{cases}$ 并且与平面 $x-4y-8z+12=0$ 交成二面角为 $\dfrac{\pi}{4}$ 的平面方程。

3．求过点 $M(2,1,3)$ 且与直线 L：$\dfrac{x+1}{3}=\dfrac{y-1}{2}=\dfrac{z}{-1}$ 垂直并相交的直线方程。

4．求直线 l：$\dfrac{x-1}{1}=\dfrac{y}{1}=\dfrac{z-1}{-1}$ 在平面 π：$x-y+2z-1=0$ 上的投影直线 l_0 的方程，并求 l_0 绕 y 轴旋转一周所成曲面的方程。

5．求经过点$M(2,-1,3)$，平行于平面P：$x-y+z=1$，并且与直线L：$x=-1+t$，$y=3+t$，$z=2t$ 相交的直线方程（t为参数）。

6．求曲线$(x+2)^2-z^2=4$，$(x-2)^2+y^2=4$在xOy平面上的投影曲线方程。

7．已知直线L_1：$\dfrac{x-1}{-1}=\dfrac{y-3}{2}=\dfrac{z+2}{1}$和$L_2$：$\dfrac{x-2}{1}=\dfrac{y+1}{2}=\dfrac{z-1}{2}$，求与$L_1$，$L_2$垂直相交的直线$L$ 的方程。

8．设一球面与两平面$x-2y+2z=3$和$2x+y-2z=8$皆相切，且球心在直线L_1：$\begin{cases}2x-y=0\\3x-z=0\end{cases}$上，求该球面方程。

9．求直线$\begin{cases}x-y+2z-1=0\\2x+y+z-2=0\end{cases}$绕$x$轴旋转一周所得到的旋转曲面方程。

14. 已知$|\vec{a}|=2$，$|\vec{b}|=3$，$|\vec{a}+\vec{b}|=\sqrt{19}$，求$|\vec{a}-\vec{b}|$。

15. 设$|\vec{a}|=2$，$|\vec{b}|=3$，求$(\vec{a}\times\vec{b})\cdot(\vec{a}\times\vec{b})+(\vec{a}\cdot\vec{b})\cdot(\vec{a}\cdot\vec{b})$。

16. 验证直线L_1：$\begin{cases}x+2y=0\\y+z+1=0\end{cases}$与直线$L_2$：$\dfrac{x-1}{2}=\dfrac{y}{-1}=\dfrac{z-1}{1}$平行，并求经过此两直线的平面方程。

17. 设常数a与b不同时为零，直线L为$\begin{cases}x=az\\y=b\end{cases}$，求$L$绕$Oz$轴旋转一周生成的旋转曲面方程，并说明（1）$a=0$，$b\neq 0$；（2）$a\neq 0$，$b=0$；（3）$ab\neq 0$三种情形时该曲面的名称。

18. 求经过原点$O(0,0,0)$且与直线$\begin{cases}x+2y-3z-4=0\\3x-y+5z+9=0\end{cases}$平行的直线$L$的方程。

第 10 章　多元函数微分学同步练习

10.1　平面点集与多元函数

1．设 $f(x,y)=\dfrac{x^2-y^2}{2xy}$ ，求：（1）$f(y,x)$；（2）$f(-x,-y)$；（3）$f(\dfrac{1}{x},\dfrac{1}{y})$。

2．设 $z=x+y+f(x-y)$，且当 $y=0$ 时，$z=x^2$，求 $f(x)$。

3．求 $z=\dfrac{\sqrt{4x-y^2}}{\ln(1-x^2-y^2)}$ 的定义域。

15．设 $z=\arctan\dfrac{y}{x}$，求 $\dfrac{\partial z}{\partial x}$，$\dfrac{\partial z}{\partial y}$。

16．设 $f(x)=\begin{cases}(x^2+y)\sin\dfrac{1}{\sqrt{x^2+y^2}}, & x^2+y^2\neq 0\\ 0, & x^2+y^2=0\end{cases}$，求 $f'_x(0,0)$，$f'_y(0,0)$。

17．设 $z=x\ln(xy)$，求 $\dfrac{\partial^3 z}{\partial x^2\partial y}$ 及 $\dfrac{\partial^3 z}{\partial x\partial y^2}$。

10.4　全微分

18．求 $z=\mathrm{e}^{\frac{y}{x}}$ 的全微分。

19．求函数 $z=\ln(1+x^2+y^2)$，当 $x=1$，$y=2$ 时的全微分。

20．计算$\sqrt{(1.02)^3+(1.97)^3}$的近似值。

21．求函数$z=\mathrm{e}^{xy}$，当$x=1$，$y=1$，$\Delta x=0.15$，$\Delta y=0.1$时的全微分。

10.5　复合函数的微分法

22．设$u=\dfrac{\mathrm{e}^{ax}(y-z)}{a^2+1}$，$y=a\sin x$，$z=\cos x$，求$\dfrac{\mathrm{d}u}{\mathrm{d}x}$。

23．设下面的f都有一阶连续偏导数，求下列函数的一阶偏导数：

（1）$u=f(x^2-y^2,\mathrm{e}^{xy})$，（2）$u=f(x,xy,xyz)$，（3）$u=f(x^2+y^2,x^2-y^2,2xy)$。

24. 设 f 有连续二阶偏导数，$u=f(x+y,x-y)$，求 $\dfrac{\partial^2 u}{\partial x^2}$，$\dfrac{\partial^2 u}{\partial y^2}$，$\dfrac{\partial^2 u}{\partial x\partial y}$。

25. 设 f，φ 具有连续二阶偏导数或导数，$z=f\left(x+\varphi(y)\right)$，证明 $\dfrac{\partial z}{\partial x}\cdot\dfrac{\partial^2 z}{\partial x\partial y}=\dfrac{\partial z}{\partial y}\cdot\dfrac{\partial^2 z}{\partial x^2}$。

26. 设 f 有连续偏导数，$u=f(x,y,z)$，$x=t$，$y=t^2$，$z=t^3$，求 $\dfrac{\mathrm{d}u}{\mathrm{d}t}$。

27. 设 f 是可微函数，$u=\sin x+f(\sin y-\sin x)$，证明 $\dfrac{\partial u}{\partial y}\cos x+\dfrac{\partial u}{\partial x}\cos y=\cos x\cos y$。

10.6 隐函数求导

28. 设 $x^2+y^2+z^2-6xz=0$，求 $\dfrac{\partial z}{\partial x}$，$\dfrac{\partial z}{\partial y}$。

29．设$e^z = x + y + z$，求$\dfrac{\partial^2 z}{\partial x \partial y}$。

30．设$x - az = \varphi(y - bz)$，其中a，b为常数，φ可导，求$\dfrac{\partial z}{\partial x}$，$\dfrac{\partial z}{\partial y}$。

31．设$f(cx - az, cy - bz) = 0$，其中f有连续偏导数，证明$a\dfrac{\partial z}{\partial x} + b\dfrac{\partial z}{\partial y} = c$。

32．设f是可微函数，$f(x + z \cdot y^{-1}, y + z \cdot x^{-1}) = 0$，证明$x \cdot \dfrac{\partial z}{\partial x} + y \cdot \dfrac{\partial z}{\partial y} = z - xy$。

33．设f可微，$x^2 + y^2 + z^2 = yf(\dfrac{z}{y})$，证明$(x^2 - y^2 - z^2)\dfrac{\partial z}{\partial x} + 2xy\dfrac{\partial z}{\partial y} = 2xz$。

34．考虑下列方程组所确定的隐函数的导数（或偏导数）：

（1）$\begin{cases} x^2+y^2+z^2=a^2 \\ x^2+y^2=ax \end{cases}$，求 $\dfrac{\mathrm{d}y}{\mathrm{d}x}$，$\dfrac{\mathrm{d}z}{\mathrm{d}x}$；

（2）$\begin{cases} x-u^2-yv=0 \\ y-v^2-xu=0 \end{cases}$，求 $\dfrac{\partial u}{\partial x}$，$\dfrac{\partial v}{\partial x}$，$\dfrac{\partial u}{\partial y}$，$\dfrac{\partial v}{\partial y}$；

（3）$\begin{cases} x=u+v \\ y=u^2+v^2 \\ z=u^3+v^3 \end{cases}$，求 $\dfrac{\partial z}{\partial x}$，$\dfrac{\partial z}{\partial y}$。

35．设 z 是由方程确定的隐函数，求 $\mathrm{d}z$。

（1）$x^2-2y^2+3z^2-yz+y=0$；

（2）$x\cos y+y\cos z+z\cos x=1$；

（3）$x^2+y^2+z^2=f(ax+by+cz)$，其中 f 有连续导数，a，b，c 是常数。

36．设 $f(x,y,z)=0$，$z=g(x,y)$，求 $\dfrac{\mathrm{d}y}{\mathrm{d}x}$，$\dfrac{\mathrm{d}z}{\mathrm{d}x}$。

37．设 $y=f(x,t)$，而 t 是由方程 $F(x,y,t)=0$ 所确定的 x，y 的函数，其中 f，F 都具有一阶连续偏导数，试证明 $\dfrac{\mathrm{d}y}{\mathrm{d}x}=\dfrac{\dfrac{\partial f}{\partial x}\cdot\dfrac{\partial F}{\partial t}-\dfrac{\partial f}{\partial t}\cdot\dfrac{\partial F}{\partial x}}{\dfrac{\partial f}{\partial t}\cdot\dfrac{\partial F}{\partial y}+\dfrac{\partial F}{\partial t}}$。

10.7　多元函数的极值

38．求 $z=\mathrm{e}^{2x}(x+y^2+2y)$ 的极值点。

39．求下列函数在指定范围内的最大值，最小值。

（1）$z=x^2-y^2$，$\left\{(x,y)\middle| x^2+y^2\leqslant 4\right\}$；

（2）$z=x^2-xy+y^2$，$\left\{(x,y)\middle| |x|+|y|\leqslant 1\right\}$。

40. 求内接于椭球面$\dfrac{x^2}{a^2}+\dfrac{y^2}{b^2}+\dfrac{z^2}{c^2}=1$的最大长方体的体积$V$。

41. 求表面积为a^2而体积为最大的长方体的体积。

42. 求函数$f(x,y)=x^3-y^3+3x^2+3y^2-9x$的极值。

43. 求函数$z=xy$在适合附加条件$x+y=1$下的极大值。

10.8　几何应用

44. 求下列曲线在给定点的切线和法平面方程:

(1) $x=R\cos^2 t$, $y=R\sin t\cos t$, $z=R\sin t$, 在$t=\dfrac{\pi}{4}$的相应点处;

(2) $\begin{cases} x^2+y^2+z^2=6 \\ x+y+z=0 \end{cases}$, 在点$M(1,-2,1)$处;

(3) $\begin{cases} 2x^2+3y^2+z^2=47 \\ x^2+2y^2=z \end{cases}$, 在点$M(-2,1,6)$处。

45．求下列曲面在给定点的切平面和法线方程：

（1）$z=x^2+y^2$在点$(1,2,5)$处；

（2）$x^2+y^2+z^2=14$在点$(1,2,3)$处。

46．求曲面$x^2+2y^2+3z^2=21$的切平面，使它平行于平面$x+4y+6z=0$。

47．求椭球面$x^2+2y^2+z^2=1$上平行于平面$x-y+2z=0$的切平面方程。

48．试证曲面$\sqrt{x}+\sqrt{y}+\sqrt{z}=\sqrt{a}(a>0)$上任何点处的切平面在各坐标轴上的截距之和等于$a$。

姓名:__________　　学号:__________　　所在院系:__________　　所在班级:__________

10.9 方向导数与梯度

49．求函数 $u=xyz$ 在点 $A(5,1,2)$ 到点 $B(9,4,14)$ 的方向 $\overrightarrow{AB}$ 的方向导数。

50．求函数 $u=\dfrac{z^2}{c^2}-\dfrac{x^2}{a^2}-\dfrac{y^2}{b^2}$ 在点 (a,b,c) 处的梯度。

51．求函数 $u=xy^2+z^3-xyz$ 在点 $(1,1,2)$ 处沿方向角为 $\alpha=\dfrac{\pi}{3}$，$\beta=\dfrac{\pi}{4}$，$\gamma=\dfrac{\pi}{3}$ 的方向的方向导数。

52．求 $\mathrm{grad}\dfrac{1}{x^2+y^2}$。

53. 沿 $f(x,y,z)=x^2+2y^2+3z^2+xy+3x-2y-6z$，求 $\mathrm{grad}f(0,0,0)$ 及 $\mathrm{grad}f(1,1,1)$。

54. 问函数 $u=xy^2z$ 在点 $P(1,-1,2)$ 处沿什么方向的方向导数最大？并求此方向导数的最大值。

姓名:____________ 学号:____________ 所在院系:____________ 所在班级:____________

第 10 章　多元函数微分学提高题

1. 设抛物面 $x^2+y^2=4z$ 上某点 M 处的切平面为 π，若曲线 $x=t^2$，$y=t$，$z=3(t-1)$ 对应于 $t=1$ 的点处的切线 L 在平面 π 上，试求平面 π 的方程。

2. 设函数 $u=x+y+z$ 及球面 $x^2+y^2+z^2=1$，求球面上一点 $M(x_0,y_0,z_0)$，使 u 在 M 沿球面的外法线方向的方向导数最大，并求最大值。

3．设 $f(x,y)=\begin{cases}\dfrac{x^3}{y}, y\neq 0\\ 0\ , y=0\end{cases}$，证明 $f(x,y)$ 在点 $(0,0)$ 处沿任何方向的方向导数存在，但 $f(x,y)$ 在 $(0,0)$ 不连续。

4．设由 $e^{z+u}-xy-yz-zu=0$ 确定函数 $u=u(x,y,z)$，点 $P(1,1,0)$。

（1）求 $\mathrm{d}u\big|_P$；（2）求 u 在点 P 处的方向导数的最大值。

5．求椭球面 $x^2+2y^2+3z^2=21$ 的切平面方程，使该切平面与直线 L：$\begin{cases}2x-y-z+2=0\\3y+2z-12=0\end{cases}$ 垂直。

6. 经过第一卦限中的点 (a,b,c) 作平面，使其与三个坐标轴的正向都相交，并且与三个坐标平面构成的四面体体积为最小，求该平面方程及此最小值。

7．设 $\varphi(x,y)$ 在点 $O(0,0)$ 的某邻域内有定义，且在点 $O(0,0)$ 处连续，若 $\varphi(0,0)=0$，试证明函数 $f(x,y)=|x-y|\varphi(x,y)$ 在点 $O(0,0)$ 处可微，并求 $\mathrm{d}f\big|_{(0,0)}$。

8．已知 $z=z(x,y)$，由方程 $yz^3+xe^2+1=0$ 确定，试求 $\left.\dfrac{\partial^2 z}{\partial x^2}\right|_{\substack{x=0\\y=1}}$。

9．设平面π：$x+y=2$，$d(x,y,z)$为曲线$\begin{cases} x^2+y^2+\dfrac{z^2}{4}=1 \\ x+y+z=0 \end{cases}$上的点$(x,y,z)$到平面$\pi$的距离，求$d(x,y,z)$的最大、最小值。

10．求证：当$t \geqslant 1$，$s \geqslant 0$时，不等式$ts \leqslant t\ln t - t + \mathrm{e}^s$成立。

11．求曲线L：$\begin{cases} 2x^2+3y^2+z^2=9 \\ z^2=3x^2+y^2 \end{cases}$在其上点$M(1,-1,2)$处的切线方程与法平面方程。

12．设F可微，z是由$F(x-y,y-z,z-x)=0$确定的可微函数，并设$F_2' \neq F_3'$，求$\dfrac{\partial z}{\partial x}+\dfrac{\partial z}{\partial y}$。

18．（1）已知函数$u=x+y+z$，球面S：$x^2+y^2+z^2=1$，点$P_0(x_0,y_0,z_0)\in S$，求u在P_0处沿S的外法线方向的方向导数$\frac{\partial u}{\partial \vec{n}}$；（2）令$P_0$在$S$上变动，求$P_0$的坐标，使$\frac{\partial u}{\partial \vec{n}}$达最大，并求此最大值。

19．（1）证明下述二元函数$z=f(x,y)$，在点(x_0,y_0)处可微的必要条件定理：设$z=f(x,y)$在点(x_0,y_0)可微，则两个偏导数$f'_x(x_0,y_0)$与$f'_y(x_0,y_0)$必存在；（2）考察例子：

$$f(x,y)=\begin{cases}\dfrac{xy}{\sqrt{x^2+y^2}}, & (x,y)\neq(0,0)\\ 0, & (x,y)=(0,0)\end{cases}$$

，说明（1）的逆定理不真。

20．设函数$u(x,y)$具有二阶连续偏导数，且$\mathrm{d}u=\dfrac{(x+2y)\mathrm{d}x+ay\mathrm{d}y}{(x+ay)^2}$，求常数$a$的值。

21．设函数$z=f(x,y)$具有二阶连续偏导数，且满足$4\dfrac{\partial^2 z}{\partial x^2}+12\dfrac{\partial^2 z}{\partial x\partial y}+5\dfrac{\partial^2 z}{\partial y^2}=0$，请确定常数$b$的值，使上式在变换$u=x-2y$，$v=x+by$下，可简化为$\dfrac{\partial^2 z}{\partial u\partial v}$=0。

22．设点$P(x,y,z)$为曲面S：$x^2+y^2+z^2-yz=1$上的动点，并设S在点P处的切平面总与xOy平面垂直。（1）求点P的轨线C的方程；（2）求C在xOy平面上的投影线的方程；（3）说明C是一条平面曲线，并求此C在它所在的平面上围成区域的面积。

23．（1）设点(x,y,z)位于第一象限的球面$x^2+y^2+z^2=5R^2$上，其中$R>0$为确定的数，求$w=\ln x+\ln y+3\ln z$的最大值；（2）证明：对于任意正数a,b,c，不等式$abc^3\leqslant 27(\frac{a+b+c}{5})^5$成立。

24．求二元函数$z=(1+\frac{x}{y})^{\frac{x}{y}}$，在点$(1,1)$处的全微分。

25．求曲面$4z=3x^2-2xy+3y^2$到平面$x+y-4z=1$的最短距离。

26．设二元函数$u=\sqrt{x^2+2y^2}$，已知点$(0,0)$，求：

（1）偏导数$\left.\dfrac{\partial u}{\partial x}\right|_{(0,0)}$是否存在？若存在，将其求出，若不存在，请说明理由；

（2）设$\vec{l}=\{\cos\alpha,\cos\beta\}$为以点$(0,0)$为始点的平面单位向量，$\cos^2\alpha+\cos^2\beta=1$，方向导数$\left.\dfrac{\partial u}{\partial \vec{l}}\right|_{(0,0)}$是否存在？若存在，将其求出，若不存在，请说明理由。

27. 过两点$(10,0,0)$、$(0,10,0)$作球面$x^2+y^2+z^2=4$的切平面，请给出切平面的方程。

28．设$f(x,y)=\begin{cases} xy\dfrac{x^2-y^2}{x^2+y^2}, & (x,y)\neq(0,0) \\ 0, & (x,y)=(0,0) \end{cases}$，求$f'_x(0,0)$，$f''_{xy}(0,0)$。

29．令$\begin{cases}\xi = 2x+y \\ \eta = x+y\end{cases}$，请将下列方程变换成函数$u$关于变量$\xi$，$\eta$的方程。

$$\frac{\partial^2 u}{\partial x^2}-2\frac{\partial^2 u}{\partial x\partial y}+\frac{\partial^2 u}{\partial y^2}+\frac{\partial u}{\partial x}-\frac{\partial u}{\partial y}+u=0$$

30．以过抛物面$z=1+x^2+y^2$上的点$P(x_0,y_0,z_0)$处的切平面为下底面，以该抛物面为上顶面，以圆柱面$(x-1)^2+y^2=1$为侧面，可以围成一个立体，随着P点在抛物面上的变动，立体的体积会改变，求该立体体积的最小值，及达到最小值时的切平面的方程。

31．设函数$u=x+y+z$，$P(x_0,y_0,z_0)$是单位球面$x^2+y^2+z^2=1$上的点。求：(1) 函数u在P点处沿着球面的外法线方向$\vec{n}$的方向导数$\frac{\partial u}{\partial n}$；(2) $\frac{\partial u}{\partial n}$在球面上的最大值、最小值及其达到最大值、最小值时对应的坐标。

32．设$r=\sqrt{x^2+y^2+z^2}>0$，$u=f(r)$存在二阶连续导数，求$\frac{\partial^2 u}{\partial x^2}+\frac{\partial^2 u}{\partial y^2}+\frac{\partial^2 u}{\partial z^2}$（请用$r$、$f(r)$、$f'(r)$、$f''(r)$表示）。

33．设$z=f(x,y)$在点$(1,2)$处存在连续的一阶偏导数，且$f(1,2)=2$，$f'_x(1,2)=3$，$f'_y(1,2)=4$，$\varphi(x)=f(x,f(x,2x))$，求$\left.\frac{\mathrm{d}\varphi^3(x)}{\mathrm{d}x}\right|_{x=1}$。

34．在椭圆抛物面$\frac{z}{c}=\frac{x^2}{a^2}+\frac{y^2}{b^2}$与平面$z=c$围成的空间有界闭区域$\Omega$中，放置一个边分别平行于坐标轴的长方体，求：该长方体体积达到最大时的各边边长和体积（其中$a>0$，$b>0$，$c>0$且均为常数）。

35．设 $f(x,y)=\begin{cases} xy\dfrac{x^2y^2}{(x^2+y^2)^{\frac{3}{2}}}, & (x,y)\neq(0,0) \\ 0, & (x,y)=(0,0) \end{cases}$，（1）求：$f_x'(0,0)$ 及 $f_y'(0,0)$；（2）证明：$f(x,y)$ 在点 $(0,0)$ 处不可微。

36．设常数 $a>0$，并设函数 $y=y(x)$ 与 $z=z(x)$ 满足方程组 $\begin{cases} xyz=a^3 \\ x^2+y^2-2az=0 \end{cases}$，且 $y(a)=a$，$z(a)=a$。求：（1）$y'(a)$ 与 $z'(a)$；（2）空间曲线 $y=y(x)$ 和 $z=z(x)$ 在点 (a,a,a) 处的切线方程。

37. 设 $f(u,v)$ 具有二阶连续偏导数，满足 $\dfrac{\partial^2 f}{\partial u^2}+\dfrac{\partial^2 f}{\partial v^2}=1$，且 $g(x,y)=f(xy,\dfrac{1}{2}(x^2-y^2))$。求：$\dfrac{\partial^2 g}{\partial x^2}+\dfrac{\partial^2 g}{\partial y^2}$。

38．设约束条件为$\begin{cases} z = x^2 + y^2 \\ x + y + z = 4 \end{cases}$，求函数$u = \sqrt{x^2 + y^2 + z^2}$的最大值与最小值。

39．设$f(x)$具有连续一阶导数，且$\big(xy(x+y) - y\big)\mathrm{d}x + \big(f(x) + x^2 y\big)\mathrm{d}y$为某二元函数$u(x,y)$的全微分，求$f(x)$和$u(x,y)$的一般表达式。

40．求椭球面$x^2 + y^2 + z^2 = 1$在点$M(\frac{\sqrt{3}}{3}, \frac{1}{3}, \frac{\sqrt{3}}{3})$处的切平面方程，以及该切平面被三个坐标平面截出的三角形面积。

41．设函数$z = z(x,y)$具有二阶连续可导函数，且存在常数a，变换$\begin{cases} u = x + a\sqrt{y} \\ v = x + 2\sqrt{y} \end{cases}$可以将方程$\frac{\partial^2 z}{\partial x^2} - y\frac{\partial^2 z}{\partial y^2} - \frac{1}{2}\frac{\partial z}{\partial y} = 0$化简为$\frac{\partial^2 z}{\partial u \partial v} = 0$，试确定常数$a$的值。

42．已知 $f'_x(x,y)=2x+y+1$，$f'_y(x,y)=x+2y+3$，且 $f(0,0)=1$。求：函数 $f(x,y)$ 的极值。

43．在椭球面 $2x^2+2y^2+z^2=1$ 上求一点，使函数 $f(x,y,z)=x^2+y^2+z^2$ 在该点处沿方向 $\vec{l}=\vec{i}-\vec{j}$ 的方向导数最大。

姓名：__________ 学号：__________ 所在院系：__________ 所在班级：__________

第 11 章 重积分同步练习

11.1 二重积分的概念和性质

1．用二重积分的几何意义求 $\iint\limits_{D}\sqrt{1-x^2-y^2}\,\mathrm{d}\sigma$， $D=\left\{(x,y)\middle|x^2+y^2\leqslant 1\right\}$。

2．根据二重积分的性质，比较下列积分的大小。

（1）$\iint\limits_{D}(x+y)^2\mathrm{d}\sigma$ 与 $\iint\limits_{D}(x+y)^3\mathrm{d}\sigma$，其中积分区域 D 是由 x 轴、y 轴与直线 $x+y=1$ 所围成的。

（2）$\iint\limits_{D}(x+y)^2\mathrm{d}\sigma$ 与 $\iint\limits_{D}(x+y)^3\mathrm{d}\sigma$，其中 $D=\left\{(x,y)\middle|(x-2)^2+(y-2)^2\leqslant 2\right\}$。

（3）$\iint\limits_{D}\ln(x+y)\mathrm{d}\sigma$ 与 $\iint\limits_{D}\left[\ln(x+y)\right]^2\mathrm{d}\sigma$，其中 D 是三角形封闭区域，三个顶点分别为 $(1,0)$，$(1,1)$，$(2,0)$。

（4）$\iint\limits_D \ln(x+y)\mathrm{d}\sigma$ 与 $\iint\limits_D \left(\ln(x+y)\right)^2 \mathrm{d}\sigma$，其中 D 是矩形封闭区域：$3\leqslant x\leqslant 5$，$0\leqslant y\leqslant 1$。

11.2　二重积分的计算

3．计算 $\iint\limits_D \dfrac{x^2}{y^2}\mathrm{d}\sigma$，其中 D 是由 $y=x$，$y=\dfrac{1}{x}$ 和 $x=2$ 所围成的区域。

4．计算 $\iint\limits_D xy\mathrm{d}\sigma$，其中 D 是由 $y^2=x$ 与直线 $x+y=2$ 所围成的区域。

5．计算下列二次积分：

（1）$\int_0^1 \mathrm{d}x\int_x^{\sqrt{x}} \dfrac{\sin y}{y}\mathrm{d}y$；（2）$\int_{\frac{1}{4}}^{\frac{1}{2}} \mathrm{d}y\int_{\frac{1}{2}}^{\sqrt{y}} \mathrm{e}^{\frac{y}{x}}\mathrm{d}y + \int_{\frac{1}{2}}^{1} \mathrm{d}y\int_{y}^{\sqrt{y}} \mathrm{e}^{\frac{y}{x}}\mathrm{d}x$。

6．交换下列二次积分的积分次序：

（1）$\int_{-1}^{1}\mathrm{d}x\int_{0}^{\sqrt{1-x^2}}f(x,y)\mathrm{d}y$；（2）$\int_{-a}^{0}\mathrm{d}x\int_{-\sqrt{a^2-x^2}}^{0}f(x,y)\mathrm{d}y+\int_{0}^{a}\mathrm{d}x\int_{x-a}^{0}f(x,y)\mathrm{d}y$ 。

7．计算 $I=\iint\limits_{D}\left|y-x^2\right|\mathrm{d}\sigma$，其中 D：$-1\leqslant x\leqslant 1$，$0\leqslant y\leqslant 1$。

8．根据图形与被积函数的特点，计算下列积分，其中 D 是 $\left\{(x,y)\middle|x^2+y^2\leqslant R^2\right\}$。

（1）$\iint\limits_{D}y\sqrt{R^2-x^2}\mathrm{d}\sigma$；（2）$\iint\limits_{D}y^3x^2\mathrm{d}\sigma$；（3）$\iint\limits_{D}x^5\sqrt{R^2-y^2}\mathrm{d}\sigma$ 。

9．计算$I=\iint\limits_D (x^2+2\sin x+3y+4)\mathrm{d}\sigma$，其中$D=\left\{(x,y)\middle|x^2+y^2\leqslant a^2\right\}$。

10．计算$\iint\limits_D \mathrm{e}^{-y^2}\mathrm{d}\sigma$，其中$D$是由$x=0$，$y=1$和$y=x$所围成的区域。

11．计算$\iint\limits_D (x^2+y^2)\mathrm{d}\sigma$，其中区域$D$：$x^2+y^2\leqslant 2y$。

12．计算$\iint\limits_D \left|x^2+y^2-4\right|\mathrm{d}\sigma$，其中区域$D$：$x^2+y^2\leqslant 9$。

13．计算$\iint\limits_D (x+y)\mathrm{d}\sigma$，其中区域$D$：$x^2+y^2-2Rx\leqslant 0$。

姓名:__________ 学号:__________ 所在院系:__________ 所在班级:__________

11.3 三重积分

14. 计算 $\iiint\limits_V \frac{1}{(1+x+y+z)^3}\mathrm{d}V$，其中 V 是由平面 $x=0$，$y=0$，$z=0$，及 $x+y+z=1$ 所围成的区域。

15. 计算 $\iiint\limits_\Omega z^3\mathrm{d}V$，其中 Ω 是由锥面 $z=\sqrt{x^2+y^2}$ 及平面 $z=1$，$z=2$ 所围成的区域。

16. 计算 $\iiint\limits_\Omega (x^2+y^2)\mathrm{d}V$，其中 Ω 是由曲面 $z=2(x^2+y^2)$ 与平面 $z=4$ 所围成的区域。

17. 计算 $\iiint\limits_V \sqrt{x^2+y^2}\mathrm{d}V$，其中 V：$x^2+y^2+z^2\leqslant 1$，且 $z\geqslant 0$。

18．计算下列曲面所围立体的体积：

（1）$z=a+\sqrt{a^2-x^2-y^2}$，$z=\sqrt{x^2+y^2}$，其中常数$a>0$；

（2）$z=x^2+y^2$，$z=\sqrt{x^2+y^2}$。

19．计算三重积分$\iiint\limits_{\Omega} x\mathrm{d}x\mathrm{d}y\mathrm{d}z$，其中$\Omega$是由三个坐标面及平面$x+2y+z=1$所围成的闭区域。

20. 计算三重积分$\iiint\limits_{\Omega} z^2\mathrm{d}x\mathrm{d}y\mathrm{d}z$，其中$\Omega$是由椭球面$\dfrac{x^2}{a^2}+\dfrac{y^2}{b^2}+\dfrac{z^2}{c^2}=1$所围成的空间闭区域。

21．计算三重积分$\iiint\limits_{\Omega} z\mathrm{d}x\mathrm{d}y\mathrm{d}z$，其中$\Omega$是由曲面$z = x^2 + y^2$与平面$z = 4$所围成的闭区域.

11.4　重积分的应用

22．求半径为a的球的表面积。

23．求球面$x^2 + y^2 + z^2 = a^2$（$a > 0$）位于$z \geqslant \dfrac{a}{2}$这部分的面积。

姓名:____________　　学号:____________　　所在院系:____________　　所在班级:____________

第 11 章　重积分提高题

1．设 $f(x)$ 是区间 $[0,1]$ 上的连续函数，且 $|f(x)|\leqslant 1$，$x\in[0,1]$，证明：$0\leqslant\int_0^1\mathrm{d}x\int_0^x f(x)f(y)\mathrm{d}y\leqslant\frac{1}{2}$。

2．计算二重积分 $\iint\limits_D \mathrm{e}^{\frac{y}{x}}\mathrm{d}\sigma$，其中 $D=\left\{(x,y)\middle| y\leqslant x\leqslant\sqrt{y},0\leqslant y\leqslant 1\right\}$。

3．计算 $\int_0^a \mathrm{d}x\int_{-x}^{-a+\sqrt{a^2-x^2}}\frac{\mathrm{d}y}{\sqrt{(x^2+y^2)(4a^2-x^2-y^2)}}$，其中 $a>0$。

4．计算 $\int_{-1}^1 \mathrm{d}x\int_0^{\sqrt{1-x^2}}\frac{1+y+xy^2}{1+x^2+y^2}\mathrm{d}y$。

5．计算 $\int_0^1 \mathrm{d}x \int_0^{\frac{\sqrt{x}}{2}} \mathrm{e}^{-2y^2} \mathrm{d}y$ 。

6. 设 $f(x)$ 在 $[0,1]$ 上连续且 $f(x)>0$ ，a 与 b 为常数，$D=\{(x,y)|0\leqslant x\leqslant 1,0\leqslant y\leqslant 1\}$，求 $\iint\limits_D \frac{af(x)+bf(y)}{f(x)+f(y)}\mathrm{d}\sigma$ 。

7．设 $f(x,y)$ 为连续函数，交换二次积分 $\int_0^2 \mathrm{d}x \int_0^{x^2-2x} f(x,y)\mathrm{d}y$ 的次序。

8．设平面区域 $D=\{(x,y)|0\leqslant x\leqslant 1,0\leqslant y\leqslant 1\}$，计算二重积分 $\iint\limits_D |x^2+y^2-1|\mathrm{d}\sigma$ 。

9．设$D=\left\{(x,y)\middle|(x-1)^2+(y-1)^2\leqslant 2, y\geqslant x\right\}$，计算$\iint\limits_D (x-y)\mathrm{d}\sigma$。

10．设$D=\left\{(x,y)\middle|\frac{1}{2}\leqslant x\leqslant 2, \frac{1}{2}\leqslant y\leqslant 2\right\}$，计算$\iint\limits_D |xy-1|\mathrm{d}\sigma$。

11．计算$\int_0^1 \mathrm{d}y\int_{\sqrt{y}}^1 \sqrt{x^4-y^2}\,\mathrm{d}x$。

12．以锥面$z=\sqrt{x^2+y^2}$为顶，以平面$z=0$上的区域$D=\left\{(x,y)\middle|0\leqslant y\leqslant x, x^2+y^2\leqslant 2x\right\}$为底，母线平行于$z$轴的柱面为侧面的立体记为$\Omega$，试用二重积分计算$\Omega$的体积。

13．计算：二重积分 $I=\iint\limits_D r^2\sin\theta\cdot\sqrt{1-r^2\cos^2\theta+r^2\sin^2\theta}\mathrm{d}r\mathrm{d}\theta$，其中 D 在极坐标系中表示为 $D=\left\{(r,\theta)\middle|0\leqslant r\leqslant\dfrac{1}{\cos\theta},0\leqslant\theta\leqslant\dfrac{\pi}{4}\right\}$。

14．设平面区域 $D=\{(x,y)|0\leqslant x\leqslant 2,0\leqslant y\leqslant 2\}$，（1）计算积分 $A=\iint\limits_D|xy-1|\mathrm{d}\sigma$；（2）设 $f(x,y)$ 在 D 上连续，且 $\iint\limits_D f(x,y)\mathrm{d}\sigma=0$，$\iint\limits_D xyf(x,y)\mathrm{d}\sigma=1$，证明：存在点 $(\xi,\eta)\in D$，使 $|f(\xi,\eta)|\cdot A\geqslant 1$ 成立。

15．计算 $\int_0^1\mathrm{d}x\int_{x^2}^1\dfrac{xy}{\sqrt{1+y^3}}\mathrm{d}y$。

16．设 $f(x,y)=\max\{x,y\}$，$D=\{(x,y)|0\leqslant x\leqslant 1,0\leqslant y\leqslant 1\}$，计算 $\iint\limits_D f(x,y)|y-x^2|\mathrm{d}\sigma$。

17．设$D=\{(x,y)|1\leqslant x+y\leqslant 2,xy\geqslant 0\}$，选择适当坐标系，计算二重积分$\iint\limits_{D} e^{\frac{y}{x+y}}d\sigma$。

18．设区域Ω：$\{0<R_1<x^2+y^2\leqslant R^2,x\geqslant 0,y\geqslant 0\}$，求$\iint\limits_{\Omega} e^{x^2+y^2+\ln\frac{x+y}{\sqrt{x^2+y^2}}}dxdy$。

19．计算$\int_0^1 dy\int_{y^{\frac{2}{3}}}^1 y\sin x^2 dx$。

20．以过抛物面$z=1+x^2+y^2$上的点$P(x_0,y_0,z_0)$处的切平面为下底面，以该抛物面为上底面，以圆柱面$(x-1)^2+y^2=1$为侧面，可以围成一个立体，随着P点在抛物面上的变动，立体的体积会改变，求该立体体积的最小值，以及达到最小值时的切平面的方程。

21．求$\int_{-1}^1 dx\int_{|x|}^{\sqrt{2-x^2}}(xy+1)\sin(x^2+y^2)dy$。

22．设是D由$y=x^3$，$x=-1$及$y=1$围成的有界闭区域，求$\iint\limits_D (y^2+(xy)^{2013})\mathrm{d}x\mathrm{d}y$。

23．求以曲面$z=y\sqrt{1+2x+y^2}$为顶，以$D=\left\{(x,y)\middle|0\leqslant y\leqslant x\leqslant 4\right\}$为底的曲顶柱体的体积。

24．计算二重积分$\iint\limits_D y\mathrm{d}\sigma$，其中$D$是由直线$x=-2$，$y=0$，$y=2$以及曲线$x=-\sqrt{2y-y^2}$所围成的平面区域。

25．设$D=\left\{(x,y)\middle|0\leqslant x^2+y^2\leqslant 1,x\geqslant 0\right\}$，计算二重积分$\iint\limits_D \dfrac{1+x+\sin(xy)}{1+x^2+y^2}\mathrm{d}\sigma$。

26．交换积分次序，计算$\int_0^1 \mathrm{d}y\int_0^1 \sqrt{\mathrm{e}^{2x}-y^2}\mathrm{d}x+\int_0^e \mathrm{d}y\int_{\ln y}^1 \sqrt{\mathrm{e}^{2x}-y^2}\mathrm{d}x$。

27．设平面区域D是由曲线$y=x^2$ $y=x^3$与直线$y=1$所围成的有界闭曲线，计算：二重积分$\iint\limits_D \frac{|x|y}{\sqrt{1+y^3}}\mathrm{d}\sigma$。

28．计算二重积分$\int_{\frac{1}{4}}^{\frac{1}{2}}\mathrm{d}y\int_{\frac{1}{2}}^{\sqrt{y}}\mathrm{e}^{\frac{y}{x}}\mathrm{d}x+\int_{\frac{1}{2}}^{1}\mathrm{d}y\int_{\frac{1}{2}}^{\sqrt{y}}\mathrm{e}^{\frac{y}{x}}\mathrm{d}x$。

29．计算二重积分$\iint\limits_D \cos(\frac{x-y}{x+y})\mathrm{d}\sigma$，其中$D=\{(x,y)|x+y\leqslant 1,x\geqslant 0,y\geqslant 0\}$。

30．设区域$D=\{(x,y)|0\leqslant x\leqslant 1,0\leqslant y\leqslant 1\}$，（1）计算$\iint\limits_D |x^2+y^2-1|\mathrm{d}\sigma$；（2）设$f(x,y)$在$D$上连续，且$\iint\limits_D f(x,y)\mathrm{d}\sigma=\frac{1}{3}$，$\iint\limits_D f(x,y)(x^2+y^2)\mathrm{d}\sigma=\frac{\pi}{4}$，试证：存在点$(\xi,\eta)\in D$，使得$|f(\xi,\eta)|\geqslant 1$。

31．若三重积分在直角坐标系下的计算公式为$\int_{-1}^{1}\mathrm{d}x\int_{0}^{\sqrt{1-x^2}}\mathrm{d}y\int_{1}^{\sqrt{1-x^2-y^2}}z\mathrm{d}z$，求此三重积分在球面坐标系下的计算公式。

32．设$\Omega=\left\{(x,y,z)\middle|x^2+y^2+z^2\leqslant 1\right\}$，且$f(x)$连续。

（1）证明：$\iiint\limits_{\Omega}f(z)\mathrm{d}V=\pi\int_{-1}^{1}f(z)(1-z^2)\mathrm{d}z$等式成立；

（2）球体$x^2+y^2+z^2\leqslant 1$的密度为$\mu=(x,y,x)=z^4$，求球体的质量M。

33. 设Ω是由曲面$z=\dfrac{1}{2}(x^2+y^2)$与$z=8$所围成的空间有界闭区域，求$\iiint\limits_{D}(x^2+y^2)\mathrm{d}V$。

34. 设$V(t)=\left\{(x,y,z)\middle|x^2+y^2+z^2\leqslant t^2\right\}$，求$\lim\limits_{t\to 0^+}\dfrac{1}{t^a}\iiint(x^2+y^2+z^2)^{\frac{b}{2}}\mathrm{d}x\mathrm{d}y\mathrm{d}z$，其中$a$、$b$为常数，且$b\geqslant a-3>0$。

35．计算 $\int_{-1}^{1}\mathrm{d}x\int_{0}^{\sqrt{1-x^2}}\mathrm{d}y\int_{1}^{1+\sqrt{1-x^2-y^2}}z\mathrm{d}z$ 。

36．设 Ω 为椭圆抛物面 $z=\dfrac{x^2}{a^2}+\dfrac{y^2}{b^2}\ (a>0,b>0)$ 与 $z=1$ 所围成的空间有界闭区域，求 $\iiint\limits_{D}z\mathrm{d}V$ 。

37．求 $\int_{-1}^{1}\mathrm{d}x\int_{-\sqrt{1-x^2}}^{\sqrt{1-x^2}}\mathrm{d}y\int_{\sqrt{x^2+y^2}}^{1}\sqrt{x^2+y^2+z^2}\mathrm{d}z$ 。

38．设 $\Omega=\left\{(x,y,z)\middle|0\leqslant z\leqslant\sqrt{1-x-y},x\geqslant 0,y\geqslant 0\right\}$，求 $\iiint\limits_{D}z\mathrm{d}V$ 。

39．计算 $\int_{-1}^{1}\mathrm{d}x\int_{-\sqrt{1-x^2}}^{\sqrt{1-x^2}}\mathrm{d}y\int_{\sqrt{x^2+y^2}}^{\sqrt{2-(x^2+y^2)}}\sqrt{x^2+y^2+z^2}\mathrm{d}z$ 。

40．设Ω是由曲面$\frac{z^2}{c^2}+1=\frac{x^2}{a^2}+\frac{y^2}{b^2}$（其中$a$、$b$、$c$均为正常数）与直线$z=0$，$z=c$所围成的空间有界闭区域，求$\iiint\limits_{\Omega} z^2\mathrm{d}V$。

41．设$f(t)$为连续函数，$F(u)=\int_0^u f(t)\mathrm{d}t$，且$F(1)=a$，空间区域$\Omega=\{(x,y,z)|$ $0\leqslant z\leqslant y,0\leqslant y\leqslant x,0\leqslant x\leqslant 1\}$计算三重积分$\iiint\limits_{\Omega} f(x)f(y)f(z)\mathrm{d}V$。

42．计算三重积分$\iiint\limits_{\Omega} \mathrm{e}^z\mathrm{d}V$，其中$\Omega=\left\{(x,y,z)\middle|x^2+y^2+z^2\leqslant 1,z\geqslant 0\right\}$。

43．设$f(t)$是连续函数，证明：$\int_0^x \mathrm{d}v\int_0^v \mathrm{d}u\int_0^u f(t)\mathrm{d}t=\frac{1}{2}\int_0^x f(t)(x-t)^2\mathrm{d}t$等式成立。

44．求三重积分$\iiint\limits_{\Omega}\left|\sqrt{x^2+y^2+z^2}-1\right|\mathrm{d}v$，其中$\Omega=\left\{(x,y,z)\middle|\sqrt{x^2+y^2}\leqslant z\leqslant 1,\right\}$。

45．（1）设 $F(y)$ 为连续函数，证明：$\int_0^1 \mathrm{d}z\int_0^z F(y)\mathrm{d}y=\int_0^1(1-y)F(y)\mathrm{d}y$ 等式成立；

（2）设 $\varOmega=\left\{(x,y,z)\middle|0\leqslant x\leqslant y,0\leqslant y\leqslant z,0\leqslant z\leqslant 1\right\}$，且 $f(x)$ 为连续函数，证明：$\iiint\limits_{\varOmega} f(x)\mathrm{d}v=\dfrac{1}{2}\int_0^1(1-x)^2 f(x)\mathrm{d}x$ 等式成立。

46．设 $\varOmega=\left\{(x,y,z)\middle|x^2+y^2\leqslant 3z,1\leqslant z\leqslant 4\right\}$，计算三重积分 $\iiint\limits_{\varOmega}\dfrac{1}{\sqrt{x^2+y^2+z}}\mathrm{d}V$。

47．设空间区域 $\varOmega=\left\{(x,y,z)\middle|\sqrt{x^2+y^2}\leqslant z\leqslant\sqrt{2-x^2-y^2}\right\}$，求三重积分 $\iiint\limits_{\varOmega}(x+z)\mathrm{d}V$。

48．计算三重积分 $\iiint\limits_{\varOmega}\dfrac{\mathrm{d}V}{\sqrt{x^2+y^2+z^2}}$，其中 $\varOmega=\left\{(x,y,z)\middle|x^2+y^2+z^2\leqslant 2z,\ z\geqslant 1,\ y\geqslant 0\right\}$。

姓名:__________ 学号:__________ 所在院系:__________ 所在班级:__________

第 12 章　曲线积分与曲面积分同步练习

12.1　第一类曲线积分

1．计算下列曲线积分：

（1）$\int_L \frac{\mathrm{d}S}{x-y}$，$L$ 为直线 $y=\frac{1}{2}x-2$ 上在点 $A(0,-2)$ 与点 $B(4,0)$ 之间的一段；

（2）$\int_L (x^2+y^2)\mathrm{d}S$，$L$ 为圆周 $x^2+y^2=a^2$；

（3）$\int_L \frac{1}{x^2+y^2+z^2}\mathrm{d}S$，$L$ 为 $x=a\cos t$，$y=a\sin t$，$z=bt$ 在 $0\leqslant t\leqslant 2\pi$ 之间的一段；

（4）$\int_L x^2\mathrm{d}S$，L 为圆周 $\begin{cases} x^2+y^2+z^2=a^2 \\ x=y \end{cases}$。

2. 计算$\oint_L e^{\sqrt{x^2+y^2}}\mathrm{d}S$，其中$L$为圆周$x^2+y^2=1$，直线$y=x$及$x$轴在第一象限所围区域的边界。

3. 计算半径为R、中心角为2α的圆弧L对于它的对称轴的转动惯量I。

12.2 第二类曲线积分

4. 计算$\int_L xy\mathrm{d}x$，其中L为抛物线$y^2=x$上从点$A(1,-1)$到点$B(1,1)$上的一段弧。

5. 计算$\int_L y^2\mathrm{d}x$，其中L为：（1）半径为a，圆心在原点，按逆时针方向绕行的上半圆周；（2）从点$A(a,0)$沿x轴到点$B(-a,0)$的直线段。

姓名:__________ 学号:__________ 所在院系:__________ 所在班级:__________

6．计算$\int_L 2xy\mathrm{d}x + x^2\mathrm{d}y$，其中$L$为：（1）抛物线$y = x^2$从点$O(0,0)$到点$B(1,1)$上的一段弧；（2）抛物线$x = y^2$从点$O(0,0)$到点$B(1,1)$上的一段弧；（3）有向折线$OAB$，这里点$O$、点$A$、点$B$依次是点$(0,0)$、点$(1,0)$、点$(1,1)$。

7．计算$\int_\Gamma x^3\mathrm{d}x + 3zy^2\mathrm{d}y - x^2y\mathrm{d}z$，其中$\Gamma$是从点$A(3,2,1)$到点$B(0,0,0)$的直线段$AB$。

8．计算下列第二类曲线积分：

（1）$\int_L (x^2 - y^2)\mathrm{d}x$，其中$L$是抛物线$y = x^2$上从点$(0,0)$到点$(2,4)$的弧段；

（2）$\oint_L xy\mathrm{d}x$，其中L为圆周$(x-a)^2 + y^2 = a^2 (a > 0)$及$x$轴所围成的在第一象限内的区域的整个边界（按逆时针方向绕行）；

（3）$\int_L y\mathrm{d}x + x\mathrm{d}y$，其中$L$为圆周$x = R\cos t$，$y = R\sin t$上对应$t$从0到$\dfrac{\pi}{2}$的一段弧；

（4）$\oint_L \dfrac{(x+y)\mathrm{d}x - (x-y)\mathrm{d}y}{x^2 + y^2}$，其中$L$为圆周$x^2 + y^2 = a^2$（按逆时针方向绕行）；

（5）$\int_\Gamma x^2\mathrm{d}x + z\mathrm{d}y - y\mathrm{d}z$，其中$\Gamma$为曲线$x = k\theta$，$y = a\cos\theta$，$z = a\sin\theta$上对应$\theta$从0到$\pi$的一段弧；

（6）$\int_L (x^2 - 2xy)\mathrm{d}x + (y^2 - 2xy)\mathrm{d}y$，其中$L$是抛物线$y = x^2$上从点$(-1,1)$到点$(1,1)$的一段弧。

9. 设Γ为曲线$x=t$，$y=t^2$，$z=t^3$上相应于t从0变到1的曲线弧，把对坐标的曲线积分$\int_{\Gamma} P\mathrm{d}x+Q\mathrm{d}y+R\mathrm{d}z$化成对弧长的曲线积分。

12.3 格林公式

10. 计算$\oint_L \frac{x\mathrm{d}y-y\mathrm{d}x}{x^2+y^2}$，其中$L$为一条无重点、分段光滑且不经过原点的连续闭曲线，$L$的方向为逆时针方向。

11. 计算下列曲线积分，并验证格林公式的正确性：

（1）$\int_L (2xy-x^2)\mathrm{d}x+(x+y^2)\mathrm{d}y$，其中$L$是由抛物线$y=x^2$和$y^2=x$所围成的区域的正向边界曲线；

（2）$\oint_L (x^2-xy^3)\mathrm{d}x+(y^2-2xy)\mathrm{d}y$，其中$L$是四个顶点分别为点$(0,0)$、点$(2,0)$、点$(2,2)$和点$(0,2)$的正方形区域的正向边界。

12．利用曲线积分，求下列曲线所围成的图形面积：

（1）星形线 $x = a\cos^3 t$， $y = a\sin^3 t$；

（2）椭圆 $9x^2 + 16y^2 = 144$；

（3）圆 $x^2 + y^2 = 2ax$。

13．计算曲线积分 $\oint_L \frac{y\mathrm{d}x - x\mathrm{d}y}{2(x^2 + y^2)}$，其中 L 为圆周 $(x-1)^2 + y^2 = 2$，L 的方向为逆时针方向。

14．利用格林公式，计算下列曲线积分：

（1）$\oint_L xy^2\mathrm{d}y-x^2y\mathrm{d}x$，$L$ 为圆周 $x^2+y^2=a^2$ 的正向；

（2）$\oint_L (2x-y+4)\mathrm{d}x+(5y+3x-6)\mathrm{d}y$，其中 L 为三个顶点分别为点 $(0,0)$ 、点 $(3,0)$ 和点 $(3,2)$ 的三角形正向边界；

（3）$\oint_L (x^2y\cos x+2xy\sin x-y^2\mathrm{e}^x)\mathrm{d}x+(x^2\sin x-2y\mathrm{e}^x)\mathrm{d}y$，其中 L 为正向星形线 $x^{\frac{2}{3}}+y^{\frac{2}{3}}=a^{\frac{2}{3}}(a>0)$；

（4）$\oint_L x^2y\mathrm{d}x+y^3\mathrm{d}y$，$L$ 为曲线 $y^2=x$ 和直线 $y=x$ 所围区域的边界曲线的正向；

（5）$\int_L (\mathrm{e}^y+x+y)\mathrm{d}x+(x\mathrm{e}^y-2y)\mathrm{d}y$，其中 L 为下半圆 $y=-\sqrt{2x-x^2}$ 取逆时针方向；

（6）$\int_L (2xy^3-y^2\cos x)\mathrm{d}x+(1-2y\sin x+3x^2y^2)\mathrm{d}y$，其中 L 为在抛物线 $2x=\pi y^2$ 上由点 $(0,0)$ 到点 $(\frac{\pi}{2},1)$ 的一段弧；

（7）$\int_L (x^2-y)\mathrm{d}x-(x+\sin^2 y)\mathrm{d}y$，其中 L 是在圆周 $y=\sqrt{2x-x^2}$ 上由点 $(0,0)$ 到点 $(1,1)$ 的一段弧。

12.4 平面曲线积分与路径无关的条件

15．验证下列 $P(x,y)\mathrm{d}x+Q(x,y)\mathrm{d}y$ 在整个 xOy 平面内是某一函数 $u(x,y)$ 的全微分，并求这样的一个 $u(x,y)$：

（1）$(x+2y)\mathrm{d}x+(2x+y)\mathrm{d}y$；

（2）$2xy\mathrm{d}x+x^2\mathrm{d}y$；

（3）$(2x\cos y+y^2\cos x)\mathrm{d}x+(2y\sin x-x^2\sin y)\mathrm{d}y$；

（4）$(x^2+2xy-y^2)\mathrm{d}x+(x^2-2xy-y^2)\mathrm{d}y$；

（5）$f(\sqrt{x^2+y^2})x\mathrm{d}x+f(\sqrt{x^2+y^2})y\mathrm{d}y$，其中 f 是连续函数。

12.5　第一类曲面积分

16．计算 $\iint\limits_{S}(x^2+y^2)\mathrm{d}S$，其中 S 是：

（1）锥面 $z=\sqrt{x^2+y^2}$ 及平面 $z=1$ 所围成区域的整个边界曲面；

（2）锥面 $z^2=3(x^2+y^2)$ 被平面 $z=0$ 和 $z=3$ 所截得的部分；

（3）抛物面 $z=2-x^2-y^2$ 在 xOy 平面上方的部分。

17. 计算 $\iint\limits_{S}(x+y+z)\mathrm{d}S$，其中 S 是球面 $x^2+y^2+z^2=a^2$ 的 $z\geqslant h$，且 $0<h<a$ 的部分。

18．计算 $\iint\limits_{S}(xy+yz+zx)\mathrm{d}S$，其中 S 为锥面 $z=\sqrt{x^2+y^2}$ 被柱面 $x^2+y^2=2ax$ 所截得的有限部分。

19．求抛物面 $z=x^2+y^2(0\leqslant z\leqslant 1)$ 的质量，已知抛物面上质量分布的面密度为 $u(x,y,z)=z$。

12.6 第二类曲面积分

20．计算曲面积分 $\iint\limits_{S}(z^2+x)\mathrm{d}y\mathrm{d}z-z\mathrm{d}x\mathrm{d}y$，其中 S 是旋转抛物面 $z=\dfrac{1}{2}(x^2+y^2)$ 介于平面 $z=0$ 及 $z=2$ 之间的部分的下侧。

21．计算 $\oiint\limits_{S}xy\mathrm{d}y\mathrm{d}z+yz\mathrm{d}z\mathrm{d}x+xz\mathrm{d}x\mathrm{d}y$，其中 S 是坐标平面和 $x+y+z=1$ 所围四面体表面的外侧。

22. 求$\iint\limits_S (x^2+y^2)\mathrm{d}x\mathrm{d}y$，其中$S$为圆$\begin{cases}x^2+y^2\leqslant R^2\\ z=0\end{cases}$的下侧。

12.7 高斯公式 散度

23. 利用高斯公式计算曲面积分$\oiint\limits_S (x-y)\mathrm{d}x\mathrm{d}y+(y-z)x\mathrm{d}y\mathrm{d}z$，其中$\Sigma$为柱面$x^2+y^2=1$及平面$z=0$，$z=3$所围成的空间闭区域的整个边界曲面的外侧。

24. 利用高斯公式计算曲面积分$\iint\limits_S (x^2\cos\alpha+y^2\cos\beta+z^2\cos\gamma)\mathrm{d}S$，其中$S$为锥面$x^2+y^2=z^2$介于平面$z=0$及$z=h(h>0)$之间的部分的下侧，$\cos\alpha$、$\cos\beta$、$\cos\gamma$是$\Sigma$在点$(x,y,z)$处的法向量的方向余弦。

25. 计算$\oiint\limits_S x^2\mathrm{d}y\mathrm{d}z+y^2\mathrm{d}z\mathrm{d}x+z^2\mathrm{d}x\mathrm{d}y$，其中$S$是平面$x=0$，$y=0$，$z=0$，$x=a$，$y=a$，$z=a$所围立体表面的外侧。

26．计算 $\oiint\limits_S x^3\mathrm{d}y\mathrm{d}z + y^3\mathrm{d}z\mathrm{d}x + z^3\mathrm{d}x\mathrm{d}y$，其中 S 为球面 $x^2+y^2+z^2=a^2$ 的外侧。

27．计算 $\oiint\limits_S x\mathrm{d}y\mathrm{d}z + y\mathrm{d}z\mathrm{d}x + z\mathrm{d}x\mathrm{d}y$，其中 S 是介于平面 $z=0$ 和 $z=3$ 之间的圆柱体 $x^2+y^2\leqslant 9$ 的整个表面的外侧。

28．计算 $\iint\limits_S xz\mathrm{d}y\mathrm{d}z + x^2y\mathrm{d}z\mathrm{d}x + y^2z\mathrm{d}x\mathrm{d}y$，其中 S 为抛物面 $z=x^2+y^2$ 上满足 $0\leqslant z\leqslant 2$ 的部分的下侧。

29．计算 $\iint\limits_S x\mathrm{d}y\mathrm{d}z + y\mathrm{d}z\mathrm{d}x + z\mathrm{d}x\mathrm{d}y$，其中 S 为圆柱面 $x^2+y^2=R^2$ 上满足 $0\leqslant z\leqslant h$ 的部分，且法线方向向外。

30．求下列向量场 A 的散度：

（1）$A=(x^2+yz)\vec{i}+(y^2+xz)\vec{j}+(z^2+xy)\vec{k}$；

（2）$A=y^2\vec{i}+xy\vec{j}+xz\vec{k}$。

12.8 斯托克斯公式 旋度

31．计算$\oint_L z\mathrm{d}x+x\mathrm{d}y+y\mathrm{d}z$，其中$L$为平面$x+y+z=1$被三个坐标面所截成的三角形的整个边界，它的正向与这个三角形上侧的法向量之间符合右手规则。

32．计算$\oint_L (y^2-z^2)\mathrm{d}x+(z^2-x^2)\mathrm{d}y+(x^2-y^2)\mathrm{d}z$，其中$L$是用平面$x+y+z=\dfrac{3}{2}$截立方体：$0\leqslant x\leqslant 1$，$0\leqslant y\leqslant 1$，$0\leqslant z\leqslant 1$的表面所得的截痕，若从$Ox$轴的正向看去，取逆时针方向。

33．计算$\oint_L (y^2-z^2)\mathrm{d}x+(z^2-x^2)\mathrm{d}y+(x^2-y^2)\mathrm{d}z$，其中$L$为椭圆$x^2+y^2=2x$，$x+y+z=1$，若从$z$轴正向看去，$L$取逆时针方向。

姓名:__________ 学号:__________ 所在院系:__________ 所在班级:__________

第 12 章　曲线积分与曲面积分提高题

1．计算 $I=\int_L \frac{x\mathrm{d}y+(1-y)\mathrm{d}x}{x^2+(y-1)^2}$，其中 L 是从点 $M(1,0)$ 沿曲线 $y=k\cos\frac{\pi x}{2}(k\neq 1)$ 到点 $N(-1,0)$ 。

2．设曲线段 l 是从点 $A(1,0,0)$ 沿曲线 $\begin{cases} x=\cos t \\ y=\sin t \\ z=2\sqrt{2}t \end{cases}$ 到点 $B(0,1,\sqrt{2}\pi)$，再从点 B 沿直线方向 $\vec{V}=\{-3,-4,0\}$ 到 C．设 l 的线密度为1，问直线段 BC 多长时，曲线段 l 的重心落在 yOz 平面上？

3．设 L 为空间曲线 $\begin{cases} z=\sqrt{x^2+y^2} \\ x^2+y^2=2x \end{cases}$，自 z 轴正向看去，L 是逆时针的．求：$\oint_L y^2\mathrm{d}x+x^2\mathrm{d}y+z^2\mathrm{d}z$ 。

4．设l为从点$A(-1,0)$沿圆周$(x-1)^2+y^2=4$的上半周到点$B(3,0)$的有向弧段，求$I=\int_l \frac{x\mathrm{d}y-y\mathrm{d}x}{4x^2+y^2}$。

5．设$f(u)$具有连续的一阶导数，点$A(1,1)$，点$B(3,3)$，l是以$\overline{AB}$为直径的左上半个圆弧，自A到B．求$I=\int_l (\frac{1}{x}f(\frac{x}{y})+y)\mathrm{d}x-(\frac{1}{y}f(\frac{x}{y})+x)\mathrm{d}y$。

6．求$\oint_L (x^2+y)\mathrm{d}S$，其中$L$是由$y=x^3$与$y=x$所围成的闭曲线。

7．设l为从点$A(5,\frac{2}{5})$沿直线到点$B(3,\frac{2}{3})$的直线段，计算$\int_l \frac{x^2+\mathrm{e}^{xy}}{x^2y}\mathrm{d}x+\frac{\mathrm{e}^{xy}-x^2}{xy^2}\mathrm{d}y$。

8．设 L 为从点 $A(-1,0)$ 到点 $B(3,0)$ 的上半个圆周 $(x-1)^2+y^2=2^2$，且 $y\geqslant 0$，求 $\int_L \frac{(x-y)\mathrm{d}x+(x+y)\mathrm{d}y}{x^2+y^2}$。

9．设 L 为从点 $A(-\pi,0)$ 沿曲线 $y=\sin x$ 到点 $B(\pi,0)$ 的弧，求 $I=\int_L (\mathrm{e}^{-x^2}\sin x+3y-\cos y)\mathrm{d}x+(x\sin y-y^4)\mathrm{d}y$。

10．设 $f(t)$ 是连续函数（但不一定可导），l 是从点 $A(3,\frac{2}{3})$ 到点 $B(1,2)$ 的直线段，计算平面第二类曲线积分 $\int_l \frac{1}{y}\left(1+y^2f(xy)\right)\mathrm{d}x+\frac{x}{y^2}\left(y^2f(xy)-1\right)\mathrm{d}y$。

11．设 l 为平面曲线 $y=\ln x$ 介于点 $A(1,0)$ 与点 $B(7,\ln 7)$ 之间的弧段，求第一类曲线积分（即对弧长的曲线积分）$\int_l \mathrm{e}^{2y}\mathrm{d}S$。

12．设l是平面极坐标曲线$r=a(1+\cos\theta)$的弧段，其中$0\leqslant\theta\leqslant\pi$，且常数$a>0$，$y$为$l$上点的纵坐标，求第一类曲线积分$\int_l y\mathrm{d}S$。

13．设函数$u(x,y)$具有连续的一阶偏导数，l为从点$O(0,0)$沿曲线$y=\sin x$到点$A(\pi,0)$的有向弧段，求第二类曲线积分。

$$I=\int_l (yu(x,y)+xyu'_x(x,y)+y+\sin x)\mathrm{d}x+(xu(x,y)+xyu'_y(x,y)+\mathrm{e}^{y^2}-x)\mathrm{d}y\text{。}$$

14．设曲线L为圆柱面$x^2+y^2=1$与平面$x+y+z=0$的交线，从z轴正向往负向看，L是逆时针的，求空间第二类曲线积分$I=\oint_L y\mathrm{d}x+2z\mathrm{d}y+3x\mathrm{d}z$。

15．设函数 $P(x,y)$ 与 $Q(x,y)$ 在平面区域 D 内连续且有连续的一阶偏导数。

（1）试证明定理：设，对于任意一条正向的全在 D 内的逐段光滑的简单封闭曲线 L 均有 $\oint_L P(x,y)\mathrm{d}x+Q(x,y)\mathrm{d}y=0$，当 $(x,y)\in D$，则必有 $\dfrac{\partial Q}{\partial x}-\dfrac{\partial P}{\partial y}\equiv 0$。

（2）考察例子 $\oint_l \dfrac{y\mathrm{d}x-x\mathrm{d}y}{x^2+y^2}$，$D=\{(x,y)\,|\,x^2+y^2>0\}$，取适当的 l，l 全在 D 内，说明上述定理的逆定理为假（要求具体写出此 l，并计算出该积分的值）。

16. 设曲线 l 为圆周 $x^2+y^2=2x$ 的一周，求平面第一类曲线积分（即对弧长的曲线积分）$I=\int_l \sqrt{x^2+y^2}\,\mathrm{d}l$。

15. 设函数 $P(x,y)$ 与 $Q(x,y)$ 在平面区域 D 内连续且有连续的一阶偏导数。

（1）试证明如下结论：若对 D 内任意一条其所围区域全在 D 内的逐段光滑简单闭曲线 L 均有 $\oint_L P(x,y)dx+Q(x,y)dy=0$，$\forall(x,y)\in D$，则应有 $\dfrac{\partial Q}{\partial x}-\dfrac{\partial P}{\partial y}\equiv 0$。

（2）考察例子 $\oint_L \dfrac{ydx-xdy}{x^2+y^2}$，$D=\{(x,y)\mid x^2+y^2>0\}$，其中当曲线 L 在 D 内，讨论上述定理的题设是否满足，并在此条件下计算出该积分的值）。

16. 设曲线 L 为圆周 $x^2+y^2=2x(y\geq 0)$ 的上半圆，求平面第一类曲线积分（即对弧长的曲线积分）$I=\int_L\sqrt{x^2+y^2}\,ds$

17．设$D=\{(x,y)\mid |x|\leqslant 1,|y|\leqslant 1\}$，$l$为$D$的边界正向一周，求平面第二类曲面积分（即对坐标的曲面积分）$I=\oint_l \sqrt{x^2+y^2+1}\mathrm{d}x+y(xy+\ln(x+\sqrt{x^2+y^2+1}))\mathrm{d}y$。

18．设l为从点$A(-1,0)$沿曲线$y=\sqrt{1-x^2}$到点$B(1,0)$的有向弧段，求平面第二类曲线积分$I=\int_l (5x^2y^3+x-4)\mathrm{d}x-(3x^5+\sin y)\mathrm{d}y$。

19. 设$f(u)$为连续函数，l为从点$A(1,1)$沿曲线$y=x^2-2x+2$到点$B(2,2)$的有向弧段，求平面第二类曲面积分$I=\int_l -\frac{y}{x^2}f(\frac{y}{x})\mathrm{d}x+\frac{1}{x}(f(\frac{y}{x})+1)\mathrm{d}y$。

20．设l为圆周$(x-x_0)^2+(y-y_0)^2=R^2$正向一周，其中x_0、y_0、R均为常数，分两种情形讨论并计算：$\oint_l \frac{-y^2\mathrm{d}x+2xy\mathrm{d}y}{2x^2+y^4}$。（1）$\sqrt{{x_0}^2+{y_0}^2}>R>0$；（2）$\sqrt{{x_0}^2+{y_0}^2}<R$。

21．设 l 是心形线 $r=a(1+\cos\theta)$ 的一周，常数 $a>0$，计算平面第一类曲线积分 $\int_l\left|\sin\dfrac{\theta}{2}\right|\mathrm{d}l$。

22．设 L 为空间直线 $x=\dfrac{y-1}{-2}=\dfrac{z+5}{3}$ 上点 $(0,1,-5)$ 与点 $(-2,5,-11)$ 间的一段，计算空间第一类曲线积分 $\int_L(x+y+z)\mathrm{d}L$。

23．确定常数 a 与 b 的值，使 $(ay^2-2xy)\mathrm{d}x+(bx^2+2xy)\mathrm{d}y$ 为某函数 $u(x,y)$ 的全微分，并求满足 $u(1,1)=2$ 这种情况下的 $u(x,y)$。

24．设 l 为从点 $A(-1,0)$ 沿曲线 $y=\cos(\dfrac{\pi}{2}x)$ 到点 $B(3,0)$ 的有向弧，计算第二类曲线积分 $\int_l\dfrac{(x-y)\mathrm{d}x+(x+y)\mathrm{d}y}{x^2+y^2}$。

25．设 S 为椭球圆 $\dfrac{x^2}{a^2}+\dfrac{y^2}{b^2}+\dfrac{z^2}{c^2}=1$ 的外侧，计算第二类曲面积分 $I=\iint\limits_S \dfrac{(x-y-z)\mathrm{d}y\mathrm{d}z+(y-z+x)\mathrm{d}z\mathrm{d}x+(z-x+y)\mathrm{d}x\mathrm{d}y}{(x^2+y^2+z^2)^{3/2}}$。

26. 计算空间第二类曲线积分 $\oint_L (y^2-x^2)\mathrm{d}x+(z^2-x^2)\mathrm{d}y+(x^2-y^2)\mathrm{d}z$，其中 L 为八分之一球面 $x^2+y^2+z^2=1$，$x\geqslant 0$，$y\geqslant 0$，$z\geqslant 0$ 的边界线，从球心看 L，L 为逆时针方向。

27. 设 $y(x)=\int_0^x \sqrt{3+t^4}\,\mathrm{d}t$，$l$ 为平面曲线 $y=y(x)$ 在 $-1\leqslant x\leqslant 1$ 上的弧段，求第一类曲线积分（即对弧长的曲线积分）$\int_l (y+|x|^3)\mathrm{d}l$。

28. 设 l 为椭圆 $4x^2+y^2=8x$ 正向一周，计算平面第二类曲线积分（即对坐标的曲线积分）$\oint_l \mathrm{e}^{y^2}\mathrm{d}x+(x+y^2)\mathrm{d}y$。

29．设l为从点$A(-\frac{\pi}{2},0)$沿曲线$y=\cos x$到点$B(\frac{\pi}{2},0)$的有向弧，求平面第二类曲线积分$\int_l \frac{(x+2y)\mathrm{d}x+(4y-2x)\mathrm{d}y}{x^2+4y^2}$。

30．设函数$\varphi(y)$具有连续的一阶导数，l为从点$A(1,1)$沿圆周$(x-2)^2+(y-2)^2=2$的右下方半个圆到点$B(3,3)$的有向弧段，求平面第二类曲线积分$\int_l \left(\pi\varphi(y)\cos\pi x-\pi y\right)\mathrm{d}x+\left(\varphi'(y)\sin\pi x-\pi\right)\mathrm{d}y$。

31．设$f(x)$具有二阶连续导数，$f(0)=0$，$f'(0)=1$，且对平面上任意一条逐段光滑的简单封闭曲线l，平面第二类曲线积分$\oint_l \left(xy(x+y)-f(x)\right)\mathrm{d}x+\left(f'(x)+x^2y\right)\mathrm{d}y\equiv 0$。

（1）求$f(x)$；

（2）设l_1为从点$(0,0)$到点(x,y)的任意一条逐段光滑的有向弧，求平面第二类曲线积分$\oint_{l_1} \left(xy(x+y)-f(x)\right)\mathrm{d}x+\left(f'(x)+x^2y\right)\mathrm{d}y$。

32．设L是曲线$\begin{cases}x^2+y^2=1\\x-y+z=2\end{cases}$从$z$轴正向往其负方向看，$L$是逆时针的有向封闭曲线，计算空间第二类曲线积分（即对坐标的曲线积分）$\oint\limits_L(z-y)\mathrm{d}x+(x-z)\mathrm{d}y+(x-y)\mathrm{d}z$。

33．设l是从点$A(\pi,-\pi)$到点$B(-\pi,-\pi)$沿曲线$y=\pi\cos x$的有向弧段，请验证：平面第二类曲线积分$\int_l\frac{(x-y)\mathrm{d}x+(x+y)\mathrm{d}y}{x^2+y^2}$在不包含点$O(0,0)$的单连通区域$D$内与路径无关，并计算此积分。

34．设l是从点$A(0,0)$沿曲线$y=\sin x$到点$B(\pi,0)$的有向弧，计算平面第二类曲线积分$I=\int_l(\mathrm{e}^x\cos y+2(x+y))\mathrm{d}x+(-\mathrm{e}^x\sin y+\frac{3}{2}x)\mathrm{d}y$。

35．设L是以点$(1,0)$、$(0,1)$、$(-1,0)$、$(0,-1)$为顶点的正方形的边界曲线，方向为逆时针，计算平面第二类曲线积分$\oint\limits_L\frac{(x-y)\mathrm{d}x+(x+y)\mathrm{d}y}{|x|+|y|}$。

36. 计算平面第二类曲线积分 $I=\int_L \frac{x\mathrm{d}y-y\mathrm{d}x}{4x^2+y^2}$，其中 L 为从点 $A(-1,0)$ 沿曲线 $y=-\sqrt{1-x^2}$ 到点 $B(1,0)$，再沿直线到点 $C(-1,2)$ 的有向弧。

37. 求曲面 $x^2+y^2=3z$ 和 $z=6-\sqrt{x^2+y^2}$ 所围立体的全表面积。

38. 设 S 是锥面 $z=\sqrt{x^2+y^2}\,(0\leqslant z\leqslant 1)$ 的上侧，求 $\iint_S x\mathrm{d}y\mathrm{d}z+2y\mathrm{d}z\mathrm{d}x+3z\mathrm{d}x\mathrm{d}y$。

39. 计算 $\iint_S (|x|+|y|+|z|)\mathrm{d}S$，其中 S 为 $x^2+y^2+z^2=a^2\,(a>0)$。

40. 设 $r=\sqrt{(x-1)^2+(y-1)^2+(z-3)^2}$，分别计算下列不同条件下的积分：$I=\iint_S \frac{x-1}{r^3}\mathrm{d}y\mathrm{d}z+\frac{y-1}{r^3}\mathrm{d}z\mathrm{d}x+\frac{z-3}{r^3}\mathrm{d}x\mathrm{d}y$。

（1）S 为立体 $\{(x,y,z)\,\|x|\leqslant 2,|y|\leqslant 2,|z|\leqslant 2\}$ 的表面，取外侧；

（2）S 为立体 $\{(x,y,z)\,\|x|\leqslant 4,|y|\leqslant 4,|z|\leqslant 4\}$ 的表面，取外侧。

41．设 S 为平面 $x-y+z=1$ 介于三个坐标平面间的有限部分，法向量与 z 轴正向夹角为锐角，$f(x,y,z)$ 为连续函数，计算 $I=\iint\limits_{S} x\mathrm{d}y\mathrm{d}z+y\mathrm{d}z\mathrm{d}x+z\mathrm{d}x\mathrm{d}y$ 。

42．设 S 为椭球面 $\dfrac{x^2}{a^2}+\dfrac{y^2}{b^2}+\dfrac{z^2}{c^2}=1$，法向量向外，求 $\oiint\limits_{S}\dfrac{x\mathrm{d}y\mathrm{d}z+y\mathrm{d}z\mathrm{d}x+z\mathrm{d}x\mathrm{d}y}{(x^2+y^2+z^2)^{3/2}}$ 。

43．设 S 为圆柱面 $x^2+y^2=4$ 被平面 $y+z=2$ 和 $z=0$ 所截出的有限部分，法向量指向 z 轴，求第二类曲面积分（即对坐标的曲面积分）$\iint\limits_{S} x\mathrm{d}y\mathrm{d}z$ 。

44. 设 S 为法向量指向外侧的球面 $x^2+y^2+z^2=a^2(a>0)$ 的上半部分，求第二类曲面积分 $\iint\limits_{S}\dfrac{x^2\mathrm{d}y\mathrm{d}z+y^2\mathrm{d}z\mathrm{d}x+(z^2+a^2)\mathrm{d}x\mathrm{d}y}{\sqrt{x^2+y^2+z^2}}$ 。

45．设 $f(x,y,z)$ 为连续函数，S 为曲面 $z=\frac{1}{2}(x^2+y^2)$ 介于 $z=2$ 与 $z=8$ 之间部分，上侧，考虑第二类曲面积分 $\iint\limits_S \big(yf(x,y,z)+x\big)\mathrm{d}y\mathrm{d}z+\big(xf(x,y,z)+y\big)\mathrm{d}z\mathrm{d}x+\big(2xyf(x,y,z)+z\big)\mathrm{d}x\mathrm{d}y$，（1）试将它化成第一类曲面积分，（2）求该积分的值。

46．设 S 为曲面 $z=x^2+y^2$ 满足 $0\leqslant z\leqslant 1$ 的部分，法向量与 z 轴的交角为锐角，求：第二类曲面积分 $\iint\limits_S (2x+z)\mathrm{d}y\mathrm{d}z+z\mathrm{d}x\mathrm{d}y$。

47．设 Ω 为球面 S：$x^2+y^2+z^2=2z$ 所围成的有界闭区域，$\overrightarrow{n_0}=\{\cos\alpha,\cos\beta,\cos\gamma\}$ 为 S 的外法线方向单位向量，函数 $u(x,y,z)$ 在 Ω 上具有二阶连续的偏导数，且满足关系式 $\frac{\partial^2 u}{\partial x^2}+\frac{\partial^2 u}{\partial y^2}+\frac{\partial^2 u}{\partial z^2}=z^2$，求：$\oiint\limits_S (\frac{\partial u}{\partial x}\cos\alpha+\frac{\partial u}{\partial y}\cos\beta+\frac{\partial u}{\partial z}\cos\gamma)\mathrm{d}S$。

48．计算第二类曲面积分 $I=\iint\limits_S yz\mathrm{d}z\mathrm{d}x+y^2\mathrm{d}x\mathrm{d}y$，其中 S 是曲面 $z=1-x^2-y^2$，$z\geqslant 0$ 部分的上侧。

49．设 S 为椭球面 $\dfrac{x^2}{a^2}+\dfrac{y^2}{b^2}+\dfrac{z^2}{c^2}=1$ 的外侧，计算第二类曲面积分。

50．设 S 为球面 $(x-a)^2+(y-b)^2+(z-c)^2=R^2$ 外侧，其中 a 、b 、c 、R 均为常数，且 $R>0$ ，计算：$\oiint\limits_S x^2\mathrm{d}y\mathrm{d}z+y^2\mathrm{d}z\mathrm{d}x+z^2\mathrm{d}x\mathrm{d}y$ 。

姓名:__________ 学号:__________ 所在院系:__________ 所在班级:__________

第 13 章 常微分方程同步练习

13.1 基本概念

1．验证函数 $y=-6\cos 2x+8\sin 2x$ 是方程 $y''+y'+\frac{5}{2}y=25\cos 2x$ 的解，且满足初始条件 $y\big|_{x=0}=-6$，$y'\big|_{x=0}=16$。

2．指出下列各题中的函数是否为所给微分方程的解：

（1）$y''-2y'+y=0$，$y=x^2\mathrm{e}^x$；

（2）$y''-(\lambda_1+\lambda_2)y'+\lambda_1\lambda_2 y=0$，$y=C_1\mathrm{e}^{\lambda_1 x}+C_2\mathrm{e}^{\lambda_2 x}$。

3．写出由下列条件确定的曲线所满足的微分方程：

（1）曲线在点 (x,y) 处的切线斜率等于该点横坐标的平方；

（2）曲线上点 $P(x,y)$ 处的法线与 x 轴的交点为 Q，且线段 PQ 被 y 轴平分。

13.2 可分离变量方程 齐次方程

4．求微分方程 $\dfrac{\mathrm{d}y}{\mathrm{d}x}=2xy$ 的通解。

5．求下列微分方程的通解：

（1）$xy'-y\ln y=0$；（2）$\sqrt{1-y^2}\mathrm{d}x+y\sqrt{1-x^2}\mathrm{d}y=0$；

（3）$\dfrac{\mathrm{d}x}{\mathrm{d}y}=10^{x+y}$；（4）$y\mathrm{d}x+(x^2-4x)\mathrm{d}y=0$。

6．求解方程 $y^2+x^2\dfrac{\mathrm{d}y}{\mathrm{d}x}=xy\dfrac{\mathrm{d}y}{\mathrm{d}x}$。

7．求下列齐次方程的解：

（1）$x\dfrac{\mathrm{d}y}{\mathrm{d}x}=y\ln\dfrac{y}{x}$；（2）$y'=\dfrac{x}{y}+\dfrac{y}{x}$，$y|_{x=1}=2$；

（3）$(x^2+2xy-y^2)\mathrm{d}x+(y^2+2xy-x^2)\mathrm{d}y$，$y|_{x=1}=1$；（4）$\dfrac{\mathrm{d}y}{\mathrm{d}x}=\dfrac{2xy}{x^2+y^2}$。

13.3　一阶线性微分方程

8．求下列线性方程的解：

（1）$\dfrac{\mathrm{d}y}{\mathrm{d}x}-\dfrac{2y}{x+1}=(x+1)^{\frac{5}{2}}$；（2）$y'+\dfrac{1}{x}y=\dfrac{\sin x}{x}$，$y|_{x=\pi}=1$；

（3）$\dfrac{\mathrm{d}y}{\mathrm{d}x}+y\cot x=5\mathrm{e}^{\cos x}$，$y|_{x=\frac{\pi}{2}}=-4$；（4）$xy'=x\cos x-2\sin x-2y$，$y|_{x=\pi}=0$。

9．求下列伯努利方程的解：

（1）$\dfrac{\mathrm{d}y}{\mathrm{d}x}=\dfrac{y^2-x}{2xy}$；（2）$\dfrac{\mathrm{d}y}{\mathrm{d}x}-3xy=xy^2$；（3）$\dfrac{\mathrm{d}y}{\mathrm{d}x}+y=y^2(\cos x-\sin x)$。

13.4　全微分方程

10．求解 $(5x^4+3xy^2-y^3)\mathrm{d}x+(3x^2y-3xy^2+y^2)\mathrm{d}y=0$。

11．求解 $y\mathrm{d}x-x\mathrm{d}y+y^2x\mathrm{d}x=0$。

12．验证 $\dfrac{2x}{y^3}\mathrm{d}x+\dfrac{y^2-3x^3}{y^4}\mathrm{d}y=0$ 该方程为全微分方程，然后求其解。

13．求 $(x\cos y+\cos x)y'-y\sin x+\sin y=0$ 的通解。

14．求 $(x\mathrm{e}^{y}+\mathrm{e}^{x})y'+\mathrm{e}^{y}+y\mathrm{e}^{x}=0$ 的通解。

13.5　可降阶的二阶微分方程

15．求下各微分方程的通解：

（1）$y''=x+\sin x$；（2）$y''=4\cos 2x$，$y\big|_{x=0}=0$，$y'\big|_{x=0}=0$；

（3）$y''=\dfrac{1}{1+x^2}$；（4）$y''=1+(y')^2$；（5）$y''x\ln x=y'$；

（6）求微分方程 $(1+x^2)y''=2xy'$ 满足初始条件：$y\big|_{x=0}=1$，$y'\big|_{x=0}=3$；

（7）$(1+x^2)y''-2xy'=0$；（8）$yy''-(y')^2=y^4$，$y\big|_{x=0}=1$，$y'\big|_{x=0}=0$。

16．试求 $y''=x$ 经过点 $M(0,1)$ 且在此点与直线 $y=\frac{\pi}{2}+1$ 相切的积分曲线。

13.6 线性微分方程的一般理论

17．验证 $y_1=\cos\alpha x$ 及 $y_2=\sin\alpha x$ 都是方程 $y''+\alpha^2 y=0$ 的解。

18．验证 x 和 e^x 都是方程 $(x-1)y''-xy'+y=0$ 的解，并写出该方程的通解。

13.7 常系数线性微分方程

19．求方程 $\frac{\mathrm{d}^2 s}{\mathrm{d}t^2}+2\frac{\mathrm{d}s}{\mathrm{d}t}+s=0$ 满足初始条件 $s\big|_{t=0}=4$，$s'\big|_{t=0}=-2$ 的特解。

20．求下列方程的解：

（1）$y''-4y'+3y=0$；（2）$y''+6y'+13y=0$；（3）$y''-2y'+y=0$；

（4）$y''-5y'+4y=0$，$y|_{x=0}=5$，$y'|_{x=0}=8$。

21．求下列方程的解：

（1）$y''+y=x\mathrm{e}^{-x}$；（2）$y''+3y'+2y=3x\mathrm{e}^{-x}$；（3）$y''+2y'+y=2\mathrm{e}^{-x}$；

（4）$y''+4y=\cos 2x$，$y|_{x=0}=0$，$y'|_{x=0}=2$；

（5）$y''-10y'+9y=\mathrm{e}^{2x}$，$y|_{x=0}=\dfrac{6}{7}$，$y'|_{x=0}=\dfrac{33}{7}$；（6）$y''+4y=x\cos x$。

22．求下列方程的解：

（1）$y''+3y'=2\sin x+\cos x$；（2）$y''+y'=\mathrm{e}^{-x}+\cos x$。

姓名:__________ 学号:__________ 所在院系:__________ 所在班级:__________

第 13 章 常微分方程提高题

1. 求 $y'=\dfrac{y}{2x}+\dfrac{x^2}{2y}$ 的通解。

2. 求 $y''=2yy'$ 满足初始条件 $y(0)=1$， $y'(0)=2$ 的特解。

3. 求 $y\mathrm{d}x-(x+\sqrt{x^2+y^2})\mathrm{d}y=0$ 的通解，其中 $y>0$ 。

4. 求 $(5x^2y^3-2x)\dfrac{\mathrm{d}y}{\mathrm{d}x}=-y$ 的通解。

5. 设$\varphi(x)$有一阶连续的导数，$\varphi(0)=1$，且$(y^2+xy+\varphi(x)y)\mathrm{d}x+(\varphi(x)+2xy)\mathrm{d}y=0$为全微分方程，求$\varphi(x)$及此全微分方程的通解。

6. 求$y''+4y=\cos^2 x$的通解。

7. 设$y=\mathrm{e}^x(C_1\sin x+C_2\cos x)$（$C_1$、$C_2$为任意常数）为某二阶常系数线性齐次微分方程的通解，求该方程。

8. 设函数$y(x)$（$x\geqslant 0$）二阶可导，且$y'(x)>0$，$y(0)=1$，过曲线$y=y(x)$上任意一点$P(x,y)$作该曲线的切线及x轴的垂线，上述两直线与x轴围成的三角形的面积记为S_1，区间$[0,x]$上以$y=y(x)$为曲边的梯形面积记为S_2，并设$2S_1-S_2$恒为1，求此曲线$y=y(x)$的方程。

9．设函数 $f(x)$ 在 $[1,+\infty)$ 上连续，若曲线 $y=f(x)$，直线 $x=1$，$x=t$（$t>1$）与 x 轴围成的平面图形绕 x 轴旋转一周所成的旋转体体积为 $V(t)=\frac{\pi}{3}\left(t^2 f(t)-f(1)\right)$．试求：$y=f(x)$ 所满足的微分方程，并求该微分方程满足 $y\big|_{x=2}=\frac{2}{9}$ 的解。

10．设首项系数为1的某二阶常系数线性微分方程右端自由项为 $A\cos x$，且已知该方程一个特解为 $y^x=\cos x+x\sin x$．求该微分方程和它的通解。

11．设 $y^x=\mathrm{e}^x(C_1\cos x+C_2\sin x)$ 是首项系数为1的某二阶常系数线性齐次微分方程的通解．求该微分方程。

12．设 $f(x)$ 为连续函数，且 $f(x)=\mathrm{e}^{2x}+\int_0^x tf(x-t)\mathrm{d}t$，求 $f(x)$。

13．求微分方程 $y''+2y'+2y=2e^{-x}\cos^2\dfrac{x}{2}$ 的通解。

14．设 $f(x)$ 有二阶连续的导数，且 $f'(x)=f(\pi-x)$，求 $f(x)$。

15．一个半球状的雪堆，其体积融化的速率与半球面的面积 S 成正比，比例系数 $k>0$，假设在融化过程中雪堆始终保持半球体形状，已知半径 r_0 为的雪堆在开始融化的 3 个小时内融化了其体积的 $\dfrac{7}{8}$，问雪堆全部融化需要多少小时？

16．求 $y''-y=e^{|x-1|}$ 的通解。

17．设 $f(x)$ 连续且满足 $\int_1^x \dfrac{f(t)}{f^2(t)+t}dt=f(x)-1$，求 $f(x)$。

18. 设 $f(x)$ 在 $[0,+\infty)$ 上可导，其反函数为 $g(x)$，且 $\int_0^{f(x)} g(t)\mathrm{d}t+\int_0^{f(x)} f(t)\mathrm{d}t = x^2\mathrm{e}^x$，求 $f(x)$。

19. 设函数 $y=y(x)$ 在 $(-\infty,+\infty)$ 内具有二阶导数，且 $y'\neq 0$，$x=x(y)$ 是 $y=y(x)$ 的反函数。

（1）试将 $x=x(y)$ 所满足的微分方程 $\frac{\mathrm{d}^2x}{\mathrm{d}y^2}+(y+\sin x)(\frac{\mathrm{d}x}{\mathrm{d}y})^3=0$ 变换为 $y=y(x)$ 满足的微分方程；

（2）求变换后的微分方程满足初始条件 $y(0)=0$，$y'(0)=\frac{3}{2}$ 的解。

20．已知 $y_1(x)=\mathrm{e}^x$，$y_2(x)=u(x)\mathrm{e}^x$ 是二阶微分方程 $(2x-1)y''-(2x+1)y'+2y=0$ 的两个特解，若 $u(-1)=\mathrm{e}$，$u(0)=-1$，求 $u(x)$，并写出该微分方程的通解。

21．求以 $y=x^2-\mathrm{e}^x$ 和 $y=x^2$ 为特解的一阶非齐次线性微分方程。

22．求微分方程 $y'+y=\mathrm{e}^x\cos x$ 满足条件 $y(0)=0$ 的解。

第 9 章　同步练习解答

1. $-\vec{a}+12\vec{b}+7\vec{c}$ 。
2. $(3,6,2)$ 。
3. 3 ，$\vec{a}^0=\{\frac{2}{3},\frac{2}{3},-\frac{1}{3}\}$ 。
4. $\{\frac{5\sqrt{2}}{2},\frac{5}{2},\pm\frac{5}{2}\}$ 。
5. -61 。
6. 22 。
7. $\frac{3}{4}\pi$ 。
8. $\frac{\sqrt{3}}{2}$ 。
9. $\{16,10,-2\}$ 。
10. $\pm\frac{1}{\sqrt{194}}\{1,-7,12\}$ 。
11. 证略。
12. 1 。
13. 30 。
14. $\arccos\frac{2}{\sqrt{7}}$ 。
15. $y^2+z^2=5x$ 。
16. $x^2+y^2=4$ 在平面直角坐标系中表示圆心在原点，半径为 2 的圆，在空间直角坐标系中表示圆柱面，母线平行于 z 轴，准线为 xy 平面上圆心在原点半径为 2 的圆。
17. $\begin{cases}2(x-\frac{1}{2})^2+y^2=\frac{17}{2}\\ z=0\end{cases}$ 。
18. xy 平面上：$x^2+y^2\leqslant 4$；yz 平面上：$y^2\leqslant z\leqslant 4$；$zx$ 平面上：$x^2\leqslant z\leqslant 4$ 。
19. (1) 例如：$x=\frac{3}{\sqrt{2}}\sin\theta$，$y=\frac{3}{\sqrt{2}}\sin\theta$；
(2) 例如：$x=1+\sqrt{3}\cos\theta$，$y=\sqrt{3}\sin\theta$，$z=0(0\leqslant\theta\leqslant 2\pi)$；
(3) 例如：$x=\cos\theta$，$y=\sin\theta$，$z=-\cos\theta-\sin\theta(0\leqslant\theta\leqslant 2\pi)$ 。
20. (1) $3x+2y+4z-6=0$；(2) $2x+2y+z-4=0$；(3) $x=1$ 。
21. (1) $2x+y-8z+13=0$；(2) $3x-y-4z+8=0$；(3) $y-2z=0$；(4) $x-z-1=0$ 。
22. 1 。

23. $x+2y-2z+16=0$，$x+2y-2z-14=0$。

24.（1）平行；（2）垂直；（3）重合。

25.（1）$\frac{x}{3}=\frac{y}{-1}=\frac{z}{5}$；（2）$\frac{x-2}{1}=\frac{y}{3}=\frac{z-1}{-5}$；

（3）$\frac{x-1}{1}=\frac{y-2}{-1}=\frac{z}{3}$；（4）$\frac{x+2}{1}=\frac{y-1}{-2}=\frac{z+1}{3}$。

26. $\frac{x}{-5}=\frac{y+1}{12}=\frac{z-1}{13}$；$x=-5t$，$y=-1+12t$，$z=1+13t$；

27. $\frac{\pi}{6}$。

28. $\frac{x-2}{2}=\frac{y-1}{-1}=\frac{z-5}{1}$。

29. $(-\frac{5}{3},\frac{2}{3},\frac{2}{3})$。

30. $2x+15y+7z+7=0$。

第9章 提高题解答

1．解：设所求平面方程为 $Ax+By+Cz+D=0$。

则其法向量 $\vec{n}\perp\{2,3,-5\}$，$\vec{n}\perp\overrightarrow{PQ}=\{-1,3,4\}$。

$$\therefore\begin{cases}2A+3B-5C=0\\-A+3B+4C=0\end{cases}\Rightarrow A=-9B,\quad C=-3B。$$

取 $B=-1\Rightarrow\vec{n}=\{9,-1,3\}$，

以点 $P(2,-1,-1)$ 代入方程 D 得 $2A-B-C+D=0\Rightarrow D=-16$，

故所求平面方程 $9x-y+3z-16=0$。

2．解：经过直线 $L:\begin{cases}x+5y+z=0\\x-z+4=0\end{cases}$ 的平面束方程可写成 $(x+5y+z)+\lambda(x-z+4)=0$，改写成 $(1+\lambda)x+5y+(1-\lambda)z+4\lambda=0$，它与另一平面 $x-4y-8z+12=0$ 交成的二面角为 $\frac{\pi}{4}$，于是有 $\cos\frac{\pi}{4}=\frac{|1\{(1+\lambda),5,(1-\lambda)\}\cdot\{1,-4,8\}|}{\sqrt{(1+\lambda)^2+5^2+(1-\lambda)^2}\cdot\sqrt{1+16+64}}$，即 $\frac{\sqrt{2}}{2}=\frac{9|\lambda-3|}{9\sqrt{2\lambda^2+27}}$。解得 $\lambda=-\frac{3}{4}$，得平面方程 $x+20y+7z-12=0$。按几何意义，这种平面应该有两个，而平面束方程 $(x+5y+z)+\lambda(x-z+4)=0$ 中不包含 $x-z+4=0$ 这个平面，而经过验证，这个平面

恰好与平面$x-4y-8z+12=0$的交角是$\dfrac{\pi}{4}$，所以所求平面方程为：$x+20y+7z-12=0$，$x-z+4=0$。

3．解：过点M作平面P，它与L：$3(x-2)+2(y-1)-(z-3)=0$垂直，即P：$3x+2y-z-5=0$，P与L的交点$P_1(\frac{2}{7},\frac{13}{7},-\frac{3}{7})$，由两点式得所求直线方程为$\dfrac{x-2}{2}=\dfrac{y-1}{-1}=\dfrac{z-3}{4}$。

4．解：作经过l并垂直于π的平面，与π的交线是l在π上的投影线l_0，l的方程可写成：$\begin{cases}x-y-1=0\\y+z-1=0\end{cases}$，经过$l$的平面束方程为：$x-y-1+\lambda(y+z-1)=0$，即$x+(\lambda-1)y+\lambda z-(1+\lambda)=0$，它与$\pi$垂直，故$1\cdot 1-(\lambda-1)+2\lambda=0$，$\lambda=-2$，所求$l_0$为：$\begin{cases}x-y+2z-1=0\\x-3y-2z+1=0\end{cases}$，将$l_0$改写成$\begin{cases}x=2y\\z=-\dfrac{1}{2}(y-1)\end{cases}$，绕$y$轴旋转，则$y$坐标不变，$\sqrt{x^2+z^2}$为旋转半径，从而有$\sqrt{x^2+z^2}=\sqrt{(2y)^2+\dfrac{1}{4}(y-1)^2}$，即所求旋转曲面方程为$4x^2-17y^2+4z^2+2y-1=0$。

5．解：经过点M且平行于P的平面方程为P_1：$(x-2)-(y+1)+(z-3)=0$，即$x-y+z-6=0$，所求直线必须在此平面上，并且与L相交，故交点必是P_1与L的交点，将L的参数式代入P_1方程，得$t=5$，故交点坐标$M_1(4,8,10)$，经过M_1，M的直线方程为：$\dfrac{x-2}{4-2}=\dfrac{y+1}{8+1}=\dfrac{z-3}{10-3}$，即所求直线方程为$\dfrac{x-2}{2}=\dfrac{y+1}{9}=\dfrac{z-3}{7}$。

6．解：两方程消去z即得投影柱面，再与$x=0$联立便得投影于yOz平面的投影曲线方程，两式相减便得$x=(y^2+z^2)/8$，代入第一式便得$\dfrac{(y^2+z^2+16)^2}{64}-z^2=4$，化简后得$(y^2+z^2)^2+32(y^2-z^2)=0$，所以在$yOz$平面上的投影曲线为双纽线，方程为：$\begin{cases}(y^2+z^2)^2=32(y^2-z^2)\\x=0\end{cases}$。

7．解法1：所求直线L的方向为：$\vec{v}=\begin{vmatrix}\vec{i}&\vec{j}&\vec{k}\\-1&2&1\\1&2&2\end{vmatrix}=2\vec{i}+3\vec{j}-4\vec{k}$，过$L_1$的平面束方程为$\lambda(2x+y-5)+\mu(y-2z-7)=0$，法向量$\vec{n}_1=\{2\lambda,\lambda+\mu,-2\mu\}$，令$\vec{n}_1\perp\vec{v}$，即$\vec{n}_1\cdot\vec{v}=0$，得：$7\lambda+11\mu=0$，所以$L_1$和$L$所决定的平面为：$11x+2y+7z-3=0$．同理，过$L_2$的平面束方程为$\alpha(2x-y-5)+\beta(y-z+2)=0$，法向量$\vec{n}_2=\{2\alpha,\beta-\alpha,-\beta\}$，令$\vec{n}_2\perp\vec{v}$，即$\vec{n}_2\cdot\vec{v}=0$，得：$-\alpha+7\beta=0$，所以，过$L_2$与$L$的平面为：$14x-8y+z-37=0$，于是$L$的

方程为：$\begin{cases}11x+2y+7z-3=0\\14x-8y+z-37=0\end{cases}$。

解法 2：直线 L 的方向为：$\vec{v}=\vec{v}_1\times\vec{v}_2=\begin{vmatrix}\vec{i} & \vec{j} & \vec{k}\\-1 & 2 & 1\\1 & 2 & 2\end{vmatrix}=2\vec{i}+3\vec{j}-4\vec{k}$，设 L 与 L_1 的交点为 $M(1-t_0,3+2t_0,-2+t_0)$，L 的方程为：$\dfrac{x-(1-t_0)}{2}=\dfrac{y-(3+2t_0)}{3}=\dfrac{z-(-2+t_0)}{-4}$，在 L_2 上取一点 $N(2,-1,1)$，因为 L_2 与 L 相交，所以有 $(\vec{v}_1\times\vec{v}_2)\cdot\overrightarrow{MN}=0$，得：$t_0=-\dfrac{49}{29}$，所以 L 的方程为：$\dfrac{x-\frac{34}{29}}{2}=\dfrac{y+\frac{77}{29}}{3}=\dfrac{z+\frac{19}{29}}{-4}$。

8．解：设球心坐标为 $(t,2t,3t)$，它到两平面的距离相等（等于球的半径 R），$R=\dfrac{|t-4t+6t-3|}{3}=\dfrac{|2t+2t-6t-8|}{3}$，解得：$t=-1$ 或 11，所以，两个球心坐标为 $(-1,-2,-3)$ 和 $(11,22,33)$，而相应的半径 R 分别为：2 和 10，于是两个球面方程分别为：$(x+1)^2+(y+2)^2+(z+3)^2=4$ 和 $(x-11)^2+(y-22)^2+(z-33)^2=100$。

9. 解：将直线方程写成参数形式：$\begin{cases}x=t\\y=1-t\\z=1-t\end{cases}$，因为绕 x 轴旋转，所以对曲面上一点 (x,y,z)，有 $y^2+z^2={y_0}^2+{z_0}^2$，$x=x_0$，(x_0,y_0,z_0) 为直线上一点，记 $t_0=x_0=x$，$y_0=1-x$，$z_0=1-x$，代入得所求方程为：$y^2+z^2=2(1-x)^2$。

10．解：（1）消去 x，得 l 的方程：$\begin{cases}y+z=2\\x=0\end{cases}$；

（2）$\pm\sqrt{y^2+z^2}+z=2$，即旋转曲面的方程为：$y^2+x^2=z^2-4z+4$。

11．解：$\overrightarrow{AB}=\{4,9,2\}$，$\overrightarrow{AD}=\{2,5,7\}$，$\overrightarrow{AA'}=\{0,-2,6\}$

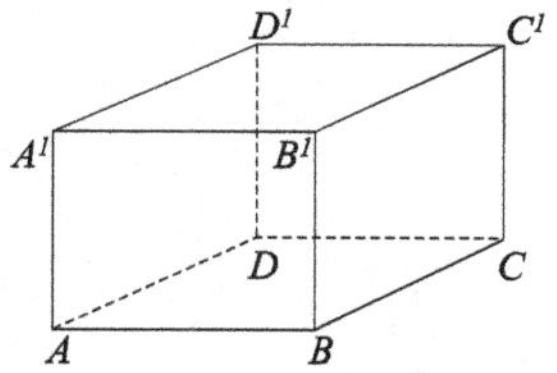

$V=\left|(\overrightarrow{AB}\times\overrightarrow{AD})\cdot\overrightarrow{AA'}\right|=\left\|\begin{matrix}4 & 9 & 2\\2 & 5 & 7\\0 & -2 & 6\end{matrix}\right\|=60$。

12．解：（1）L_1 的方向向量 $\vec{\tau}=\{1,2,-2\}\times\{5,-2,-1\}=-3\{2,3,4\}$，所以 $L_1 \parallel L_2$。

（2）方法 1：用平面束方程 $(x+2y-2z-5)+\lambda(5x-2y-z)=0$，以 L_2 上的点 $(-3,0,1)$ 代入，得 $\lambda=-\dfrac{5}{8}$，则有平面方程 $17x-26y+11z+40=0$。

方法 2：在L_1上任取一点，例如取$(\frac{5}{6},\frac{25}{12},0)$，它与$L_2$上的点$(-3,0,1)$连接成向量$\vec{P}=\{\frac{23}{6},\frac{25}{12},-1\}$，所以所求平面的法向量$\vec{n}=\{2,3,4\}\times\{\frac{23}{6},\frac{25}{12},-1\}=\{-\frac{34}{3},\frac{52}{3},-\frac{22}{3}\}$，由点法式得平面方程为$-\frac{34}{3}(x+3)+\frac{52}{3}(y-0)-\frac{22}{3}(z-1)=0$，即$17x-26y+11z+40=0$。

13．解：将球面方程配方成$(x-a)^2+(y+1)^2+(z-1)^2=4$，球心坐标为$(a,-1,1)$，它到平面$x+2y-2z+7=0$的距离为：$d=\frac{1}{3}|a-2-2+7|=2$，所以$a=3$。

14．解：$19=|\vec{a}+\vec{b}|^2=(\vec{a}+\vec{b})\cdot(\vec{a}+\vec{b})=\vec{a}\cdot\vec{a}+2\vec{a}\cdot\vec{b}+\vec{b}\cdot\vec{b}=13+2\vec{a}\cdot\vec{b}$，所以$\vec{a}\cdot\vec{b}=3$，$|\vec{a}-\vec{b}|^2=13-2\vec{a}\cdot\vec{b}=13-6=7$，所以$|\vec{a}-\vec{b}|=\sqrt{7}$。

15．解：　$(\vec{a}\times\vec{b})\cdot(\vec{a}\times\vec{b})+(\vec{a}\cdot\vec{b})\cdot(\vec{a}\cdot\vec{b})$

$=(|\vec{a}||\vec{b}|\sin(\vec{a},\vec{b}))^2+(|\vec{a}||\vec{b}|\cos(\vec{a},\vec{b}))^2$

$=|\vec{a}|^2|\vec{b}|^2=2^2\cdot3^3=36$

16．解：因为L_1：$\begin{cases}x+2y=0\\y+z+1=0\end{cases}$得$L_1$：$\begin{cases}\frac{x}{-2}=\frac{y}{1}\\\frac{y}{1}=\frac{z+1}{-1}\end{cases}$，即$\frac{x}{-2}=\frac{y}{1}=\frac{z+1}{-1}$，所以$L_1 /\!/ L_2$。

以下求平面方程：

方法 1：设平面束方程$x+2y+\lambda(y+z+1)=0$，以L_2上一点$(1,0,1)$代入，得$\lambda=-\frac{1}{2}$，故所求平面方程为：$2x+3y-z-1=0$；

方法 2：在L_1上取点$A(0,0,-1)$，L_2上取点$B(1,0,1)$，$\overrightarrow{AB}=\{1,0,2\}$，$L_2$的方向向量$\vec{\tau}_2=\{2,-1,1\}$，$\vec{n}=\overrightarrow{AB}\times\vec{\tau}_2=\{1,0,2\}\times\{2,-1,1\}=\{2,3,-1\}$，所以所求平面方程为：$2(x-1)+3y-(z-1)=0$，即$2x+3y-z-1=0$。

17．L绕Oz轴旋转一周生成的旋转曲面方程为：$x^2+y^2=(az)^2+b^2=a^2z^2+b^2$。

（1）$a=0$，$b\neq0$时为柱面$x^2+y^2=b^2$；

（2）$a\neq0$，$b=0$时为锥面$x^2+y^2=a^2z^2$；

（3）$ab\neq0$时为单叶双曲线$x^2+y^2-a^2z^2=b^2$。

18．已知直线的方向向量可取为：$\vec{\tau}=\{1,2,-3\}\times\{3,-1,5\}=\{7,-14,-7\}$，由对称式，可得$L$的方程为：$\frac{x}{7}=\frac{y}{-14}=\frac{z}{-7}$，即$x=-\frac{y}{2}=-z$。

19．证明：$\overrightarrow{AC}+\overrightarrow{CB}=\overrightarrow{AB}$，$(\overrightarrow{AC}+\overrightarrow{CB})\cdot(\overrightarrow{AC}+\overrightarrow{CB})=\overrightarrow{AB}\cdot\overrightarrow{AB}$，

$\overrightarrow{AC}\cdot\overrightarrow{AC}+\overrightarrow{CB}\cdot\overrightarrow{CB}+2\overrightarrow{AC}\cdot\overrightarrow{CB}=\overrightarrow{AB}\cdot\overrightarrow{AB}$，所以$\angle C=90^0$，$\overrightarrow{AC}\cdot\overrightarrow{CB}=0$

得$\overrightarrow{AC}\cdot\overrightarrow{AC}+\overrightarrow{CB}\cdot\overrightarrow{CB}=\overrightarrow{AB}\cdot\overrightarrow{AB}$，即$b^2+a^2=c^2$或$a^2+b^2=c^2$。

20．解：（1）相交，相交。

（2）A、B、C三点共线，成为C点分别与L_1、L_2所确定的两平面的交线时，$\triangle ABC$面积的最小值为0，此时$\overrightarrow{CA}\,//\,\overrightarrow{CB}$，因为$\overrightarrow{CA}=\{-1,-1,t-1\}$，$\overrightarrow{CB}=\{s-1,3,-1\}$，所以$\dfrac{s-1}{-1}=\dfrac{3}{-1}=\dfrac{-1}{t-1}$，得$s=4$，$t=\dfrac{4}{3}$，故有，点$A(0,0,\dfrac{4}{3})$，点$B(4,4,0)$。

21．解：L_1的方向向量$\vec{\tau}_1=\{-3,1,10\}$，L_2的方向向量$\vec{\tau}_2=\{4,-1,2\}$，L的方向向量可取$\vec{\tau}=\vec{\tau}_1\times\vec{\tau}_1=\{12,46,-1\}$，所以$L$的方程为$\dfrac{x+1}{12}=\dfrac{y+4}{46}=\dfrac{z-3}{-1}$，还有其他方法可做，略。

22．解：共面．因为$\overrightarrow{AB}=-4\vec{i}+0\vec{j}+\vec{k}$，$\overrightarrow{AC}=0\vec{i}+3\vec{j}+\vec{k}$，

$\overrightarrow{AB}\times\overrightarrow{AC}=\begin{vmatrix} i & j & k \\ -4 & 0 & 1 \\ 0 & 3 & 1 \end{vmatrix}=-3\vec{i}+4\vec{j}-12\vec{k}$，所以由$A$、$B$、$C$决定的平面方程为：

$-3(x-3)+4(y+1)-12(z-0)=0$，即$-3x+4y-12z+13=0$．以点$D(5,-\dfrac{5}{2},-1)$代入，有$-15-10+12+13=0$，所以D在平面ABC上。

注：证明4点共面有很多方法，求平面ABC的方法也很多，例如：平面ABC的方程可用行列式表示：

$$\begin{vmatrix} x-x_1 & y-y_1 & z-z_1 \\ x_2-x_1 & y_2-y_1 & z_2-z_1 \\ x_3-x_1 & y_3-y_1 & z_3-z_1 \end{vmatrix}=0，4点共面\Leftrightarrow\begin{vmatrix} x_4-x_1 & y_4-y_1 & z_4-z_1 \\ x_2-x_1 & y_2-y_1 & z_2-z_1 \\ x_3-x_1 & y_3-y_1 & z_3-z_1 \end{vmatrix}=0。$$

23．解：利用平面束方程$\lambda(x+y-z-1)+\mu(x-y+z+1)=0$，或者$(\lambda+\mu)x+(\lambda-\mu)y+(-\lambda+\mu)z-\lambda+\mu=0$，由$(\lambda+\mu)\cdot1+(\lambda-\mu)\cdot1+(-\lambda+\mu)\cdot1=0$可得$\mu=-\lambda$，$y-z-1=0$，故：$\begin{cases} x+y-z-1=0 \\ x-y+z+1=0 \end{cases}\Rightarrow\begin{cases} y=z+1 \\ x=-(2z+1) \end{cases}$，旋转曲面方程为：$x^2+y^2=(z+1)^2+\left(-(2z+1)\right)^2$，或$x^2+y^2=5z^2+6z+2$。

第10章　同步练习解答

1．（1）$\dfrac{y^2-x^2}{2xy}$；（2）$\dfrac{x^2-y^2}{2xy}$；（3）$\dfrac{y^2-x^2}{2xy}$。

2．$f(x)=x^2-x$。

3．$D=\left\{(x,y)\middle|y^2\leqslant 4,0<x^2+y^2<1\right\}$。

4．0。

5. $\lim\limits_{\substack{x\to 0\\ y\to 0}}\dfrac{xy}{\sqrt{x^2+y^2}}=0$。

6. $\dfrac{1}{6}$。

7. 略。

8. （1）不存在；（2）0；（3）0。

9. （1）$\dfrac{\partial z}{\partial x}=\dfrac{1}{2x\sqrt{\ln xy}}$，$\dfrac{\partial z}{\partial y}=\dfrac{1}{2y\sqrt{\ln xy}}$；

（2）$\dfrac{\partial z}{\partial x}=y^2(1+xy)^{y-1}$，$\dfrac{\partial z}{\partial y}=(1+xy)^y(\ln(1+xy)+\dfrac{xy}{1+xy})$；

（3）$\dfrac{\partial u}{\partial x}=\dfrac{z(x-y)^{z-1}}{1+(x-y)^{2z}}$，$\dfrac{\partial u}{\partial y}=\dfrac{z(x-y)^{z-1}}{1+(x-y)^{2z}}$，$\dfrac{\partial u}{\partial z}=\dfrac{(x-y)^z\ln(x-y)}{1+(x-y)^{2z}}$。

10. $f_x'(1,1)=\dfrac{1}{3}\sqrt[3]{2}$，$f_y'(1,2)=\dfrac{4}{15}\sqrt[3]{5}$。

11. 1。

12. 略。

13. $\dfrac{\partial^2 u}{\partial x^2}=\dfrac{2(y-x^2)}{(y+x^2)^2}$，$\dfrac{\partial^2 u}{\partial y^2}=\dfrac{-1}{(y+x^2)^2}$，$\dfrac{\partial^2 u}{\partial x\partial y}=-\dfrac{2x}{(y+x^2)^2}$。

14. $\dfrac{\partial z}{\partial x}=\sin y\cdot x^{\sin y-1}$，$\dfrac{\partial z}{\partial y}=x^{\sin y}\cdot\ln x\cdot\cos y$。

15. $\dfrac{\partial z}{\partial x}=\dfrac{-y}{x^2+y^2}$，$\dfrac{\partial z}{\partial y}=\dfrac{x}{x^2+y^2}$。

16. $f_x'(0,0)=0$，$f_y'(0,0)$ 不存在。

17. $\dfrac{\partial^3 z}{\partial x^2\partial y}=\dfrac{x}{xy}=\dfrac{1}{y}$，$\dfrac{\partial^3 z}{\partial x\partial y^2}=-\dfrac{1}{y^2}$。

18. $\mathrm{d}z=\mathrm{e}^{\frac{y}{x}}((-\dfrac{y}{x^2})\mathrm{d}x+\dfrac{1}{x}\mathrm{d}y)$。

19. $\dfrac{1}{3}\mathrm{d}x+\dfrac{2}{3}\mathrm{d}y$。

20. 2.95。

21. 0.25e。

22. $\mathrm{e}^{ax}\sin x$。

23. （1）$\dfrac{\partial u}{\partial x}=2xf_1'+y\mathrm{e}^{xy}f_2'$，$\dfrac{\partial u}{\partial y}=-2yf_1'+x\mathrm{e}^{xy}f_2'$；

（2）$\dfrac{\partial u}{\partial x}=f_1'+yf_2'+yzf_3'$，$\dfrac{\partial u}{\partial y}=xf_2'+xzf_3'$，$\dfrac{\partial u}{\partial z}=xyf_3'$；

（3）$\dfrac{\partial u}{\partial x}=2xf_1'+2xf_2'+2yf_3'$，$\dfrac{\partial u}{\partial y}=2yf_1'-2yf_2'+2xf_3'$。

24. $\dfrac{\partial^2 u}{\partial x^2}=f_{11}''+2f_{12}''+f_{22}''$，$\dfrac{\partial^2 u}{\partial y^2}=f_{11}''-2f_{12}''+f_{22}''$，$\dfrac{\partial^2 u}{\partial x\partial y}=f_{11}''-f_{22}''$。

25. 略。

26. $\dfrac{\partial f}{\partial x}+2t\dfrac{\partial f}{\partial y}+3t^2\dfrac{\partial f}{\partial z}$。

27. 证略。

28. $\dfrac{\partial z}{\partial x}=\dfrac{3z-x}{z-3x}$，$\dfrac{\partial z}{\partial y}=\dfrac{-y}{z-3x}$。

29. $-\dfrac{\mathrm{e}^z}{(\mathrm{e}^z-1)^3}$。

30. $\dfrac{\partial z}{\partial x}=\dfrac{1}{a-b\varphi'(y-bz)}$，$\dfrac{\partial z}{\partial y}=\dfrac{\varphi'(y-bz)}{b\varphi'(y-bz)-a}$。

31. 略。

32. 略。

33. 略。

34. （1）$\dfrac{\mathrm{d}y}{\mathrm{d}x}=-\dfrac{2x-a}{2y}$，$\dfrac{\mathrm{d}z}{\mathrm{d}x}=\dfrac{-a}{2z}$；

（2）$\dfrac{\partial u}{\partial x}=\dfrac{\partial v+uy}{4uv-xy}$，$\dfrac{\partial v}{\partial x}=\dfrac{-x-2u^2}{4uv-xy}$，$\dfrac{\partial u}{\partial y}=\dfrac{-y-2v^2}{4uv-xy}$，$\dfrac{\partial v}{\partial y}=\dfrac{\partial u+xv}{4uv-xy}$；

（3）$\dfrac{\partial z}{\partial x}=-3uv$，$\dfrac{\partial z}{\partial y}=\dfrac{3}{2}(u+v)$。

35. （1）$\dfrac{1}{6z-y}\left(-2x\mathrm{d}x+(4y+z-1)\mathrm{d}y\right)$；

（2）$\dfrac{1}{\cos x-y\sin z}\left((z\sin x-\cos y)\mathrm{d}x+(x\sin y-\cos z)\mathrm{d}y\right)$；

（3）$\dfrac{1}{2z-cf'}\left((af'-2x)\mathrm{d}x+(bf'-2y)\mathrm{d}y\right)$。

36. $\dfrac{\mathrm{d}y}{\mathrm{d}x}=\dfrac{f_x'+f_z'g_x'}{f_y'+f_z'g_y'}$，$\dfrac{\mathrm{d}z}{\mathrm{d}x}=\dfrac{g_x'f_y'-g_y'f_x'}{f_y'+f_z'g_y'}$。

37. 略。

38. 极小值点$(\dfrac{1}{2},-1)$。

39. （1）最大值4，最小值-4；（2）最大值1，最小值0。

40. $\dfrac{8\sqrt{3}}{9}abc$。

41. 以棱长为$\dfrac{\sqrt{6}}{6}a$的正方体体积为最大，最大体积$V=\dfrac{\sqrt{6}}{36}a^3$。

42. 极小值$f(1,0)=-5$，极大值$f(-3,2)=31$。

43．极大值$z(\frac{1}{2},\frac{1}{2})=\frac{1}{4}$。

44．（1）切线$\dfrac{x-\frac{R}{2}}{2}=\dfrac{y-\frac{R}{2}}{0}=\dfrac{z-\frac{\sqrt{2}R}{2}}{-\sqrt{2}}$，法平面$\sqrt{2}x-z=0$；

（2）切线$\dfrac{x-1}{-1}=\dfrac{y+2}{0}=\dfrac{z-1}{1}$，法平面$x-z=0$；

（3）切线$\dfrac{x+2}{27}=\dfrac{y-1}{28}=\dfrac{z-6}{4}$，法平面$27x+28y+4z+2=0$。

45．（1）切平面$2x+4y-z-5=0$，法线$\dfrac{x-1}{2}=\dfrac{y-2}{4}=\dfrac{z-5}{-1}$；

（2）切平面$x+2y+3z-14=0$，法线$\dfrac{x-1}{1}=\dfrac{y-2}{2}=\dfrac{z-3}{3}$。

46．$x+4y+6z=\pm 21$。

47．切平面$x-y+2z=\pm\sqrt{\frac{11}{2}}$。

48．略。

49．$\dfrac{98}{13}$。

50．$-2\{\frac{1}{a},\frac{1}{b},-\frac{1}{c}\}$。

51．5。

52．$\mathrm{grad}\dfrac{1}{x^2+y^2}=-\dfrac{2x}{(x^2+y^2)^2}\vec{i}-\dfrac{2y}{(x^2+y^2)^2}\vec{j}$。

53．$f(0,0,0)=3\vec{i}-2\vec{j}-6\vec{k}$，$\mathrm{grad}f(1,1,1)=6\vec{i}+3\vec{j}$。

54．$\mathrm{grad}u=2\vec{i}-4\vec{j}+\vec{k}$ 是方向导数取最大值的方向，此方向导数的最大值为$|\mathrm{grad}u|=\sqrt{21}$。

第 10 章　提高题解答

1. 解：设$M(x_0,y_0,z_0)$，其中$z_0=\frac{1}{4}(x_0{}^2+y_0{}^2)$，所以平面$\pi$的法向量$\vec{n}=\{2x_0,2y_0,-4\}$，$\pi$的方程为：$2x_0(x-x_0)+2y_0(y-y_0)-4(z-z_0)=0$，又因为曲线在$t=1$（即点$(1,1,0)$）的切线为：$\begin{cases}x=1+2t\\y=1+t\\z=3t\end{cases}$，切向量为：$\vec{\tau}=\{2,1,3\}$，$\vec{n}\perp\vec{\tau}\Rightarrow 4x_0+2y_0-12=0$ （1）

又将$(1,1,0)$代入π，得$2x_0(1-x_0)+2y_0(1-y_0)-4z_0=0$与式（1）联立，解得：$\begin{cases}x_0=2\\y_0=2\end{cases}$或$\begin{cases}x_0=\dfrac{12}{5}\\y_0=\dfrac{6}{5}\end{cases}$，所以点$M$的坐标为$(2,2,2)$或$(\dfrac{12}{5},\dfrac{6}{5},\dfrac{9}{5})$，于是所求平面方程为：$x+y-z-2=0$或$6x+3y-5z-9=0$。

2．解：在M点沿球面外法线方向的单位矢量为：$\vec{n}^0=\{x_0,y_0,z_0\}$，相应的方向导数为：$\dfrac{\partial u}{\partial \vec{n}^0}\Big|_M=x_0+y_0+z_0$，设$F(x_0,y_0,z_0,\lambda)=(x_0+y_0+z_0)+\lambda({x^2}_0+{y^2}_0+{z^2}_0-1)$，分别求偏导数，得：$\begin{cases}1+2\lambda x_0=0\\1+2\lambda y_0=0\\1+2\lambda z_0=0\\{x^2}_0+{y^2}_0+{z^2}_0=1\end{cases}$，解方程组得到：$x_0=y_0=z_0=\pm\dfrac{\sqrt{3}}{3}$，相应的方向导数为$\sqrt{3}$或$-\sqrt{3}$，那么，所求点$M$的坐标为$(\dfrac{\sqrt{3}}{3},\dfrac{\sqrt{3}}{3},\dfrac{\sqrt{3}}{3})$，方向导数的最大值为$\sqrt{3}$。

3．证明：（1）设任意方向$\vec{i}^0=\{\cos\theta,\sin\theta\}$，当$\theta\neq 0$，π时，则有$\dfrac{\partial f}{\partial \vec{i}^0}\Big|_{(0,0)}=\lim\limits_{\rho\to 0}\dfrac{\dfrac{(\rho\cos\theta)^3}{\rho\cos\theta}-0}{\rho}=\lim\limits_{\rho\to 0}\dfrac{\rho\cos^3\theta}{\sin\theta}$，当$\theta=0$，π时，则有$\dfrac{\partial f}{\partial \vec{i}^0}\Big|_{(0,0)}=\lim\limits_{\rho\to 0}\dfrac{0-0}{\rho}=0$。

（2）考察$\lim\limits_{\substack{x\to 0\\y\to 0}}\dfrac{x^3}{y}$，当$y=x\to 0$时，$\lim\limits_{\substack{x\to 0\\y\to 0}}\dfrac{x^3}{y}=0$；当$y=x^3\to 0$时，$\lim\limits_{\substack{x\to 0\\y\to 0}}\dfrac{x^3}{y}=1$，即$\lim\limits_{\substack{x\to 0\\y\to 0}}\dfrac{x^3}{y}$不存在，所以$f(x,y)$在$(0,0)$处不连续。

4．解：记$F(x,y,z,u)=\mathrm{e}^{z+u}-xy-yz-zu$，由$F(1,1,0,u)=0$，得$u=0$，$F'_x=-y$，$F'_y=-x-z$，$F'_z=\mathrm{e}^{z+u}-y-u$，$F'_u=\mathrm{e}^{z+u}-z$。

$\dfrac{\partial u}{\partial x}=-\dfrac{F'_x}{F'_u}=-\dfrac{-y}{\mathrm{e}^{z+u}-z}$，数据代入，得$\dfrac{\partial u}{\partial x}=1$；

$\dfrac{\partial u}{\partial y}=-\dfrac{F'_y}{F'_u}=-\dfrac{-x-z}{\mathrm{e}^{z+u}-z}$，数据代入，得$\dfrac{\partial u}{\partial y}=1$；

$\dfrac{\partial u}{\partial z}=-\dfrac{F'_z}{F'_u}=-\dfrac{\mathrm{e}^{z+u}-y-u}{\mathrm{e}^{z+u}-z}$，数据代入，得$\dfrac{\partial u}{\partial z}=0$。

（1）$\mathrm{d}u\big|_P=\mathrm{d}x+\mathrm{d}y$；（2）$u$在点$P$处方向导数的最大值$|\mathrm{grad}u|=\sqrt{2}$。

5．解：直线L的方向向量为：$\vec{\tau}=\{1,-4,6\}$，椭球面上点(x,y,z)处的法向量

$\vec{n}=\{2x,6y,6z\}$，因为条件$\vec{\tau}\ /\!/\ \vec{n}$，所以$\dfrac{2x}{1}=\dfrac{4y}{-4}=\dfrac{6z}{6}=\lambda$，$x=\dfrac{\lambda}{2}$，$y=-\lambda$，$z=\lambda$，则有$(\dfrac{\lambda}{2})^2+2(-\lambda)^2+3\lambda^2=21$，得$\lambda=\pm 2$，得两点坐标为：$(1,-2,2)$与$(-1,2,-2)$，切平面方程分别为：$x-4y+6z-21=0$与$x-4y+6z+21=0$。

6．设所求平面为：$\dfrac{x}{A}+\dfrac{y}{B}+\dfrac{z}{C}=1$，四面体体积为：$V=\dfrac{1}{6}ABC$，$A>0$，$B>0$，$C>0$，约束条件为：$\dfrac{a}{A}+\dfrac{b}{B}+\dfrac{c}{C}=1$，用拉格朗日乘数法，令：

$$F(A,B,C,\lambda)=\frac{1}{6}ABC+\lambda(\frac{a}{A}+\frac{b}{B}+\frac{c}{C}-1)$$

则有：$\dfrac{\partial F}{\partial A}=\dfrac{1}{6}BC-\dfrac{\lambda a}{A^2}=0$，$\dfrac{\partial F}{\partial C}=\dfrac{1}{6}AB-\dfrac{\lambda c}{C^2}=0$，$\dfrac{\partial F}{\partial B}=\dfrac{1}{6}AC-\dfrac{\lambda b}{B^2}=0$，$\dfrac{\partial F}{\partial \lambda}=\dfrac{a}{A}+\dfrac{b}{B}+\dfrac{c}{C}-1=0$，解得$A=3a$，$B=3b$，$C=3c$，平面方程为$\dfrac{x}{a}+\dfrac{y}{b}+\dfrac{z}{c}=3$，$V=\dfrac{9}{2}abc$。

7．证明：先证明$\lim\limits_{\substack{x\to 0\\ y\to 0}}\dfrac{|x-y||\varphi(x,y)|}{\sqrt{x^2+y^2}}=0$，事实上，因为$|x-y|\leqslant|x|+|y|$，所以$\dfrac{|x-y|\varphi(x,y)}{\sqrt{x^2+y^2}}\leqslant\dfrac{|x|+|y|}{\sqrt{x^2+y^2}}\varphi(x,y)\leqslant 2|\varphi(x,y)|$，由$\varphi(x,y)$在原点$O$处的连续性及$\varphi(0,0)=0$可知$\lim\limits_{\substack{x\to 0\\ y\to 0}}\varphi(x,y)=0$，所以$\lim\limits_{\substack{x\to 0\\ y\to 0}}\dfrac{|x-y||\varphi(x,y)|}{\sqrt{x^2+y^2}}=0$成立，则有

$$f(x,y)-f(0,0)=0+o(\sqrt{x^2+y^2})$$

由可微定义可知$f(x,y)$在原点O处可微，且$\mathrm{d}f\big|_{(0,0)}=0$。

8．解：对方程两边关于x求偏导数，有

$$3yz^2\cdot\frac{\partial z}{\partial x}+\mathrm{e}^z+x\cdot\mathrm{e}^z\cdot\frac{\partial z}{\partial x}=0 \qquad (1)$$

当$x=0$，$y=1$，由方程可知$z=-1$，代入得$\left.\dfrac{\partial z}{\partial x}\right|_{\substack{x=0\\ y=-1}}=-\dfrac{1}{3}\mathrm{e}^{-1}$，将式（1）再对$x$求偏导数得：$6yz\cdot(\dfrac{\partial z}{\partial x})^2+3yz^2\cdot\dfrac{\partial^2 z}{\partial x^2}+2\mathrm{e}^z\cdot\dfrac{\partial z}{\partial x}+x\mathrm{e}^z\cdot(\dfrac{\partial z}{\partial x})^2+x\mathrm{e}^z\cdot\dfrac{\partial^2 z}{\partial x^2}=0$，将$\left.\dfrac{\partial z}{\partial x}\right|_{\substack{x=0\\ y=-1}}=-\mathrm{e}^{-1}$和$x=0$，$y=1$，$z=-1$，代入解得：$\left.\dfrac{\partial^2 z}{\partial x^2}\right|_{\substack{x=0\\ y=-1}}=2+\dfrac{2}{3}\mathrm{e}^{-2}$。

9．解：曲线$\begin{cases}x^2+y^2+\dfrac{z^2}{4}=1\\ x+y+z=0\end{cases}$上点$(x,y,z)$到$\pi$的距离$d(x,y,z)=\dfrac{|x+y-2|}{\sqrt{2}}$，作拉格

朗日函数：$F(x,y,z,\mu,\lambda)=(x+y-2)^2+\lambda(x+y+z)+\mu(x^2+y^2+\frac{z^2}{4}-1)$。

由$\begin{cases}\frac{\partial F}{\partial x}=0\\ \frac{\partial F}{\partial y}=0\\ \frac{\partial F}{\partial z}=0\\ \frac{\partial F}{\partial \lambda}=0\\ \frac{\partial F}{\partial \mu}=0\end{cases}$，得$\begin{cases}2(x+y-2)+\lambda+2\mu x=0 & (1)\\ 2(x+y-2)+\lambda+2\mu y=0 & (2)\\ \lambda+2\mu y=0 & (3)\\ x+y+z=0 & (4)\\ x^2+y^2+\frac{z^2}{4}=1 & (5)\end{cases}$

由式（1）－式（2）得，$\mu(x-y)=0$，则有$\mu=0$或$x=y$，（1）若$\mu=0$，由式（3）得$\lambda=0$，再由式（1）得$x+y=2$，由式（4）得$y=-2$，代入式（5）得：
$x^2+(2-x)^2=0$，无解；（2）当$x=y$时，由式（4）得$z=-2x$，代入式（5）

$2x^2+y^2=1$，所以解得：$\begin{cases}x=\frac{\sqrt{3}}{3}=y\\ z=\frac{2\sqrt{3}}{3}\end{cases}$或$\begin{cases}x=y=-\frac{\sqrt{3}}{2}\\ z=\frac{2\sqrt{3}}{3}\end{cases}$，因此最大、最小距离分别为：

最大距离：$d(-\frac{\sqrt{3}}{3},-\frac{\sqrt{3}}{3},\frac{2\sqrt{3}}{3})=\frac{2+\frac{2\sqrt{3}}{3}}{\sqrt{2}}=\frac{6\sqrt{2}+2\sqrt{6}}{6}=\sqrt{2}+\frac{1}{3}\sqrt{6}$，最小距离：

$d(\frac{\sqrt{3}}{3},\frac{\sqrt{3}}{3},\frac{2\sqrt{3}}{3})=\frac{2-\frac{2\sqrt{3}}{3}}{\sqrt{2}}=\frac{6\sqrt{2}-2\sqrt{6}}{6}=\sqrt{2}-\frac{1}{3}\sqrt{6}$。

10. 证明：设$F(t,s)=t\ln t-t+\mathrm{e}^s-ts$，即要证$F(t,s)\geqslant 0$，只需证当$t\geqslant 1$，$s\geqslant 0$时，$F(t,s)$的最小值为0，令$F_s'(t,s)=\mathrm{e}^s-t=0$，得$t=\mathrm{e}^s$，$s=\ln t$，对固定的$t$：

当$0\leqslant s\leqslant \ln t$时，$F'(t,s)<0$；

当$s>\ln t$时，$F'(t,s)>0$；

当$s=\ln t$时，$F(t,s)=F(\ln t,t)=t\ln t-t+t-t\ln t=0$。

所以当$s=\ln t$时，$F(t,s)$取最小值，最小值为0，所以$ts\leqslant t\ln t-t+\mathrm{e}^s$证毕。

11. 解：由L，将x作为自变量，则有：$\begin{cases}4x+6y\frac{\mathrm{d}y}{\mathrm{d}x}+2z\frac{\mathrm{d}z}{\mathrm{d}x}=0\\ 6x+2y\frac{\mathrm{d}y}{\mathrm{d}x}-2z\frac{\mathrm{d}z}{\mathrm{d}x}=0\end{cases}$，将$(x,y,z)=(1,-1,2)$

代入并求解得出$\frac{\mathrm{d}y}{\mathrm{d}x}=\frac{5}{4}$，$\frac{\mathrm{d}z}{\mathrm{d}x}=\frac{7}{8}$，所以切线方程为：$\frac{x-1}{1}=\frac{y+1}{\frac{5}{4}}=\frac{z-2}{\frac{7}{8}}$，法平面方程为：

$(x-1)+\frac{5}{4}(y+1)+\frac{7}{8}(z-2)=0$，即$8x+10y+7z-12=0$。

12．解：$\frac{\partial z}{\partial x}=-\frac{F'_x}{F'_z}=-\frac{F'_1-F'_2}{-F'_2+F'_3}$，$\frac{\partial z}{\partial y}=-\frac{F'_y}{F'_z}=-\frac{-F'_1+F'_2}{-F'_2+F'_3}$， $\frac{\partial z}{\partial x}+\frac{\partial z}{\partial y}=\frac{F'_3-F'_2}{F'_3-F'_2}=1$。

13．解：L上的点到平面xOy的距离为$|z|$，它的最大值、最小值点与z^2的一致，用拉格朗日乘数法，作$F(x,y,z,\lambda,\mu)=z^2+\lambda(x^2+9y^2-2z^2)+\mu(x+3y+3z-5)$，分别求偏导数使其为零：

$$\begin{cases}\frac{\partial F}{\partial x}=2\lambda x+\mu=0\\ \frac{\partial F}{\partial y}=18\lambda y+3\mu=0\\ \frac{\partial F}{\partial z}=2z-4\lambda z+3\mu=0\\ \frac{\partial F}{\partial \lambda}=x^2+9y^2-2z=0\\ \frac{\partial F}{\partial \mu}=x+3y+3z-5=0\end{cases}$$

解得两组解：$(x,y,z)_1=(1,\frac{1}{3},1)$，$(x,y,z)_2=(-5,-\frac{5}{3},5)$，所以，当$x=1$，$y=\frac{1}{3}$时，$|z|=1$最小；当$x=-5$，$y=-\frac{5}{3}$时，$|z|=5$最大。

14．解：$\frac{\partial z}{\partial x}=x^2y^2(1+xy)^{x^2y-1}+(1+xy)^{x^2y}2xy\ln(1+xy)$，

$\frac{\partial z}{\partial y}=x^3y(1+xy)^{x^2y-1}+(1+xy)^{x^2y}x^2\ln(1+xy)$。

15．解：$\frac{\partial z}{\partial x}=f'\cdot 2+g'_1+g'_2\cdot y$，$\frac{\partial^2 z}{\partial x\partial y}=-2f''+g''_{12}\cdot x+g'_2+g''_{22}xy$。

16．解：方法1：利用微分形式不变性：

$$\mathrm{d}z=f'_x\mathrm{d}x+f'_y\mathrm{d}y \quad (1)$$

$$\mathrm{d}x=g'_y\mathrm{d}y+g'_z\mathrm{d}z \quad (2)$$

将式(2)中的$\mathrm{d}y$代入式(1)，得$\mathrm{d}z=f'_x\mathrm{d}x+f'_y(\frac{\mathrm{d}x-g'_z\mathrm{d}z}{g'_y})$，解出：$\mathrm{d}z=\frac{g'_yf'_x+f'_y}{g'_y+g'_zf'_y}\mathrm{d}x$，

$\frac{\mathrm{d}z}{\mathrm{d}x}=\frac{g'_yf'_x+f'_y}{g'_y+g'_zf'_y}$，也可以对于方程组$\begin{cases}z=f(x,y)\\ x=g(x,y)\end{cases}$两边关于$x$求导，将$y$与$z$看成$x$的函数，然后解出$\frac{\mathrm{d}z}{\mathrm{d}x}$，略。

17．解：方法 1：由 L：$\begin{cases}2x^2+3y^2+z^2=9\\ z^2=3x^2+y^2\end{cases}$，有 $\begin{cases}4x+6y\dfrac{\mathrm{d}y}{\mathrm{d}x}+2z\dfrac{\mathrm{d}z}{\mathrm{d}x}=0\\ 6x+2y\dfrac{\mathrm{d}y}{\mathrm{d}x}-2z\dfrac{\mathrm{d}z}{\mathrm{d}x}=0\end{cases}$，解出：

$\dfrac{\mathrm{d}y}{\mathrm{d}x}=-\dfrac{5x}{4y}$，$\dfrac{\mathrm{d}z}{\mathrm{d}x}=\dfrac{7x}{4z}$，将点 $M(1,-1,2)$ 代入，得 $\dfrac{\mathrm{d}y}{\mathrm{d}x}=\dfrac{5}{4}$，$\dfrac{\mathrm{d}z}{\mathrm{d}x}=\dfrac{7}{8}$，所以切线的方向向量 $\vec{\tau}=\{1,\dfrac{5}{4},\dfrac{7}{8}\}$，由点向式得切线方程：$\dfrac{x-1}{1}=\dfrac{y+1}{\frac{5}{4}}=\dfrac{z-2}{\frac{7}{8}}$，即：$\dfrac{x-1}{8}=\dfrac{y+1}{10}=\dfrac{z-2}{7}$。

方法 2：曲面 $2x^2+3y^2+z^2=9$ 在点 $M(1,-1,2)$ 处的法向量 $\vec{n}_1=\{4x,6y,2z\}_M=\{4,-6,4\}$，切平面方程为：$4(x-1)-6(y+1)+4(z-2)=0$，即 $2x-3y+2z-9=0$，曲面 $z^2=3x^2+y^2$ 在点 $M(1,-1,2)$ 处的法向量 $\vec{n}_2=\{-6x,-2y,2z\}_M=\{-6,2,4\}$，切平面方程为：$-6(x-1)+2(y+1)+4(z-2)=0$，即 $3x-y-2z=0$，联立得切线方程

$$\begin{cases}2x-3y+2z-9=0\\ 3x-y-2z=0\end{cases}$$

方法 3：由方法 2，切线方向向量 $\vec{\tau}=\vec{n}_1\times\vec{n}_2=\{4,-6,4\}\times\{-6,2,4\}=-4\{8,10,7\}$，切线方程为：$\dfrac{x-1}{8}=\dfrac{y+1}{10}=\dfrac{z-2}{7}$。

18．解：（1）$\dfrac{\partial u}{\partial x}=1$，$\dfrac{\partial u}{\partial y}=1$，$\dfrac{\partial u}{\partial z}=1$，$S$ 的外法线方向向量：$\vec{n}=\{2x_0,2y_0,2z_0\}$，$\vec{n}^0=\{x_0,y_0,z_0\}$，$\dfrac{\partial u}{\partial \vec{n}}=x_0+y_0+z_0$。

（2）令 $F(x,y,z,\lambda)=x+y+z+\lambda(x^2+y^2+z^2-1)$，由拉格朗日乘数法，有

$$\begin{cases}\dfrac{\partial F}{\partial x}=1+2\lambda x=0\\ \dfrac{\partial F}{\partial y}=1+2\lambda y=0\\ \dfrac{\partial F}{\partial z}=1+2\lambda z=0\\ \dfrac{\partial F}{\partial \lambda}=x^2+y^2+z^2-1=0\end{cases}$$

解得：$\lambda=\pm\dfrac{\sqrt{3}}{2}$，且 $x=y=z=\mp\dfrac{1}{\sqrt{3}}$，则有 $\max\{\dfrac{\partial u}{\partial \vec{n}}\}=\sqrt{3}$，相应的 $x_0=y_0=z_0=\dfrac{\sqrt{3}}{3}$。

19．解：（1）略，

（2）$f'_x(0,0)=\lim\limits_{x\to 0}\dfrac{0-0}{x-0}=0$，$f'_y(0,0)=0$，$f(x,y)$ 在点 $(0,0)$ 处的两个偏导数均存在，以下证明 $f(x,y)$ 在点 $(0,0)$ 不可微，用反证法，若可微，则：

$$\Delta f = f(\Delta x,\Delta y)-f(0,0)=\frac{\Delta x\Delta y}{\sqrt{(\Delta x)^2+(\Delta y)^2}}=0\Delta x+0\Delta y+0(\rho)$$

即 $\lim\limits_{(\Delta x,\Delta y)\to(0,0)}\dfrac{\Delta x\Delta y}{\sqrt{(\Delta x)^2+(\Delta y)^2}}=0$，但此式并不成立的，故不可微。

20．解：因为 $\dfrac{\partial^2 u}{\partial x\partial y}=\dfrac{\partial}{\partial x}(\dfrac{ay}{(x+ay)^2})=\dfrac{-2ay}{(x+ay)^3}$，

$$\frac{\partial^2 u}{\partial y\partial x}=\frac{\partial}{\partial y}(\frac{x+2y}{(x+ay)^2})=\frac{(2-2a)x-2ay}{(x+ay)^3},$$

由 $u(x,y)$ 具有二阶连续偏导数，则有 $\dfrac{\partial^2 u}{\partial x\partial y}=\dfrac{\partial^2 u}{\partial y\partial x}$，得 $a=1$。

21．解：$\dfrac{\partial z}{\partial x}=\dfrac{\partial z}{\partial u}\cdot\dfrac{\partial u}{\partial x}+\dfrac{\partial z}{\partial v}\cdot\dfrac{\partial v}{\partial x}=\dfrac{\partial z}{\partial u}+\dfrac{\partial z}{\partial v}$，$\dfrac{\partial^2 z}{\partial x^2}=\dfrac{\partial^2 z}{\partial u^2}+2\dfrac{\partial^2 z}{\partial u\partial v}+\dfrac{\partial^2 z}{\partial v^2}$，

$\dfrac{\partial z}{\partial y}=\dfrac{\partial z}{\partial u}\cdot\dfrac{\partial u}{\partial y}+\dfrac{\partial z}{\partial v}\cdot\dfrac{\partial v}{\partial y}=-2\dfrac{\partial z}{\partial u}+b\dfrac{\partial z}{\partial v}$，$\dfrac{\partial^2 z}{\partial y^2}=4\dfrac{\partial^2 z}{\partial u^2}-4b\dfrac{\partial^2 z}{\partial u\partial v}+b^2\dfrac{\partial^2 z}{\partial v^2}$，

$\dfrac{\partial^2 z}{\partial x\partial y}=-2\dfrac{\partial^2 z}{\partial u^2}+(b-2)\dfrac{\partial^2 z}{\partial u\partial v}+b\dfrac{\partial^2 z}{\partial v^2}$，所以方程 $4\dfrac{\partial^2 z}{\partial x^2}+12\dfrac{\partial^2 z}{\partial x\partial y}+5\dfrac{\partial^2 z}{\partial y^2}=0$，化为

$-8(b+2)\dfrac{\partial^2 z}{\partial u\partial v}+(4+12b+5b^2)\dfrac{\partial^2 z}{\partial v^2}=0$，令 $4+12b+5b^2=0$，解得 $b=-2$ 或 $b=-\dfrac{2}{5}$，

若取 $b=-2$，则 $\dfrac{\partial^2 z}{\partial u\partial v}$ 的系数也为0，舍弃；取 $b=-\dfrac{2}{5}$，原式化为 $\dfrac{\partial^2 z}{\partial u\partial v}=0$。

22．解：（1）$\vec{n}_p=\{2x,2y-z,2z-y\}_P$，$\vec{n}_p\cdot\vec{k}=0\Leftrightarrow 2z-y=0$，所以，$C$ 的方程为：

$\begin{cases}2z-y=0\\ x^2+y^2+z^2-yz=1\end{cases}$ 或写成 $\begin{cases}2z-y=0\\ x^2+\dfrac{3}{4}y^2=0\end{cases}$；

（2）C 在 xOy 平面上的投影方程为：$\begin{cases}x^2+\dfrac{3}{4}y^2=0\\ z=0\end{cases}$；

（3）由 C 的方程可表示为：$\begin{cases}2z-y=0\\ x^2+\dfrac{3}{4}y^2=0\end{cases}$，可知 C 在平面 $2z-y=0$ 上，是一条平面曲线，它在 xOy 平面上的投影是个椭圆，其围成的面积 $\sigma=\pi\cdot 1\cdot\dfrac{2}{\sqrt{3}}=\dfrac{2}{\sqrt{3}}\pi$，而平面 $2z-y=0$ 的法向量 $\vec{n}=\{0,-1,2\}$，$\cos\gamma=\dfrac{2}{\sqrt{5}}$，所以 C 在平面 $2z-y=0$ 上围成的面积 $A=\dfrac{\sigma}{\cos\gamma}=\sqrt{\dfrac{5}{3}}\pi$。

23．解：设$F=\ln x+\ln y+3\ln z+\lambda(x^2+y^2+z^2-5R^2)$，求偏导数，并令其为零，

$$\text{有：}\begin{cases}\dfrac{\partial F}{\partial x}=\dfrac{1}{x}+2\lambda x=0\\ \dfrac{\partial F}{\partial y}=\dfrac{1}{y}+2\lambda y=0\\ \dfrac{\partial F}{\partial z}=\dfrac{3}{z}+2\lambda z=0\\ \dfrac{\partial F}{\partial \lambda}=x^2+y^2+z^2-5R^2=0\end{cases}$$

解得$x=R$，$y=R$，$z=\sqrt{3}R$，在约束条件下，当x接近于$x=0$时，$w\to-\infty$，所以$\max w$在第一卦限内部达到，必在极大值点处达到，所以必在某驻点处达到，而且驻点唯一，所以$\max w=w\big|_{x=R,y=R,z=\sqrt{3}R}=\ln\sqrt{27}R^5$，即有：$xyz^3\leqslant\sqrt{27}R^5=\sqrt{27}(\dfrac{x^2+y^2+z^2}{5})^{\frac{5}{2}}$，$x^2y^2z^6\leqslant(\dfrac{x^2+y^2+z^2}{5})^5$，令$x^2=a$，$y^2=b$，$z^2=c$，有$abc^3\leqslant 27(\dfrac{a+b+c}{5})^5$。

24．解：方法1：取$\ln z=\dfrac{x}{y}\ln(1+\dfrac{x}{y})=\dfrac{x}{y}(\ln(y+x)-\ln y)$，则

$\dfrac{1}{z}\mathrm{d}z=\dfrac{1}{y^2}\left(y\big(\ln(y+x)-\ln y\big)\mathrm{d}x+x(\dfrac{\mathrm{d}x+\mathrm{d}y}{x+y}-\dfrac{\mathrm{d}y}{y})-x\big(\ln(y+x)-\ln y\big)\mathrm{d}y\right)$，由$x=1$，$y=1$，得$z=2$，代入得：$\dfrac{1}{2}\mathrm{d}z\Big|_{\substack{x=1\\y=1}}=(\ln z)\mathrm{d}x+\dfrac{\mathrm{d}x+\mathrm{d}y}{2}-\mathrm{d}y-(\ln 2)\mathrm{d}y$

$$=\frac{1}{2}(\mathrm{d}x-\mathrm{d}y)+(\ln 2)(\mathrm{d}x-\mathrm{d}y)=(\frac{1}{2}+\ln 2)(\mathrm{d}x-\mathrm{d}y)$$

所以$\mathrm{d}z\big|_{\substack{x=1\\y=1}}=(1+2\ln 2)(\mathrm{d}x-\mathrm{d}y)$；

方法2：令$u=\dfrac{x}{y}$，则$z=(1+u)^u$，那么

$$\mathrm{d}z=\left((1+u)^u\right)'_u\mathrm{d}u=\left(u(1+u)^{u-1}+(1+u)^u\ln(1+u)\right)\frac{y\mathrm{d}x-x\mathrm{d}y}{y^2}$$

由$x=1$，$y=1$，得$z=2$，代入得：$\mathrm{d}z\big|_{\substack{x=1\\y=1}}=(1+2\ln 2)(\mathrm{d}x-\mathrm{d}y)$。

25．解：设点(x,y,z)为曲面S：$4z=3x^2-2xy+3y^2$上的任意一点，该点到平面$x+y-4z-1=0$的距离为：$d=\dfrac{|x+y-4z-1|}{\sqrt{1^2+1^2+(-4)^2}}$，讨论在约束条件：$3x^2-2xy+3y^2-4z=0$下，$(x+y-4z-1)^2=(\sqrt{18}d)^2$的最小值，令$F(x,y,z,\lambda)=(x+y-4z-1)^2+\lambda(3x^2-2xy+3y^2-4z)$，求偏导数，并令其为零，有：

$$\begin{cases}\dfrac{\partial F}{\partial x}=2(x+y-4z-1)+\lambda(6x-2y)=0\\ \dfrac{\partial F}{\partial y}=2(x+y-4z-1)+\lambda(-2x+6y)=0\\ \dfrac{\partial F}{\partial z}=-8(x+y-4z-1)+\lambda(-4)=0\\ \dfrac{\partial F}{\partial \lambda}=3x^2-2xy+3y^2-4z=0\end{cases}$$

解得 $x=\dfrac{1}{4}$， $y=\dfrac{1}{4}$， $z=\dfrac{1}{16}$，得唯一驻点，曲面 S 到平面总存在最短距离，因此，当 S 上的点为 $(x,y,z)=(\dfrac{1}{4},\dfrac{1}{4},\dfrac{1}{16})$ 时，d 最小，$\min d=\dfrac{1}{\sqrt{18}}\left|\dfrac{1}{4}+\dfrac{1}{4}-\dfrac{1}{4}-1\right|=\dfrac{\sqrt{2}}{8}$。

26．解：（1） $\dfrac{\partial u}{\partial x}\Big|_{(0,0)}$ 不存在，理由：$\dfrac{\partial u}{\partial x}\Big|_{(0,0)}=\lim\limits_{x\to 0}\dfrac{\sqrt{x^2-0}}{x}=\lim\limits_{x\to 0}\dfrac{|x|}{x}$ 不存在；

（2） $\dfrac{\partial u}{\partial \vec{l}}\Big|_{(0,0)}=\lim\limits_{\rho\to 0}\dfrac{\sqrt{(\rho\cos\alpha)^2+2(\rho\sin\alpha)^2}-0}{\rho}=\sqrt{\sin^2\alpha+2\sin^2\alpha}$ 存在。

27．解：设所求平面为 π，平面 π 不经过原点，但过点 $(10,0,0)$ 和点 $(0,10,0)$，故平面方程取 $x+y+cz-10=0$，因为平面 π 与球面 $x^2+y^2+z^2=4$ 相切，所以原点到平面 π 的距离为 2，即 $\dfrac{10}{\sqrt{1+1+c^2}}=2$，解得：$c=\pm\sqrt{23}$，则所求平面方程为：$x+y+\sqrt{23}z-10=0$ 或 $x+y-\sqrt{23}z-10=0$。

28．解：因为 $f'_x(0,0)=\lim\limits_{\Delta x\to 0}\dfrac{f(0+\Delta x,0)-f(0,0)}{\Delta x}=\lim\limits_{\Delta x\to 0}\dfrac{0-0}{\Delta x}=0$，所以

$$f'_x(x,y)=\begin{cases}\dfrac{y(x^4+4x^2y^2-y^4)}{(x^2+y^2)^2} & \text{当}(x,y)\neq 0\text{时}\\ 0 & \text{当}(x,y)=0\text{时}\end{cases}$$

从而 $f''_{xy}(0,0)=\lim\limits_{\Delta y\to 0}\dfrac{f'_x(0,0+\Delta y)-f'_x(0,0)}{\Delta y}=\lim\limits_{\Delta y\to 0}\dfrac{-\Delta y-0}{\Delta y}=-1$。

29．解：$\begin{cases}\xi=2x+y\\ \eta=x+y\end{cases}$，$\dfrac{\partial \xi}{\partial x}=2$，$\dfrac{\partial \eta}{\partial x}=1$，$\dfrac{\partial u}{\partial x}=\dfrac{\partial u}{\partial \xi}\cdot 2+\dfrac{\partial u}{\partial \eta}\cdot 1$，

$$\frac{\partial^2 u}{\partial x^2}=\frac{\partial^2 u}{\partial \xi^2}\cdot 2^2+\frac{\partial^2 u}{\partial \xi\partial \eta}\cdot 2+\frac{\partial^2 u}{\partial \eta\partial \xi}\cdot 2+\frac{\partial^2 u}{\partial \eta^2}\cdot 1=4\frac{\partial^2 u}{\partial \xi^2}+4\frac{\partial^2 u}{\partial \xi\partial \eta}+\frac{\partial^2 u}{\partial \eta^2}$$

$\dfrac{\partial \xi}{\partial y}=1$，$\dfrac{\partial \eta}{\partial y}=1$，$\dfrac{\partial u}{\partial y}=\dfrac{\partial u}{\partial \xi}+\dfrac{\partial u}{\partial \eta}$，$\dfrac{\partial^2 u}{\partial y^2}=\dfrac{\partial^2 u}{\partial \xi^2}+2\dfrac{\partial^2 u}{\partial \xi\partial \eta}+\dfrac{\partial^2 u}{\partial \eta^2}$，

$\dfrac{\partial^2 u}{\partial x\partial y}=\dfrac{\partial}{\partial y}(\dfrac{\partial u}{\partial \xi}\cdot 2+\dfrac{\partial u}{\partial \eta}\cdot 1)=2\dfrac{\partial^2 u}{\partial \xi^2}+3\dfrac{\partial^2 u}{\partial \xi\partial \eta}+\dfrac{\partial^2 u}{\partial \eta^2}$，代入原方程得：$\dfrac{\partial^2 u}{\partial \xi^2}+\dfrac{\partial u}{\partial \xi}+u=0$。

30．解：抛物面上，点 $P(x_0,y_0,z_0)$ 处的切平面方程为：

$2x_0(x-x_0)+2y_0(y-y_0)-(z-z_0)=0$ 或 $z=2x_0x+2y_0y-x_0{}^2-y_0{}^2+1$，由题中提出的三者围成的立体的体积是：

$$\begin{aligned}V&=\iint_D(Z_{抛物面}-Z_{切平面})\mathrm{d}x\mathrm{d}y\\&=\iint_D\left((1+x^2+y^2)-(2x_0x+2y_0y-x_0{}^2-y_0{}^2+1)\right)\mathrm{d}x\mathrm{d}y\\&=\iint_D(x^2+y^2-2x_0x)\mathrm{d}x\mathrm{d}y+\iint_D(x_0{}^2+y_0{}^2)\mathrm{d}x\mathrm{d}y-2y_0\iint_D y\mathrm{d}x\mathrm{d}y\\&=2\int_0^{\frac{\pi}{2}}\int_0^{2\cos\theta}(r^2-2x_0r\cos\theta)r\mathrm{d}r\mathrm{d}\theta+(x_0{}^2+y_0{}^2)\pi-0\\&=(\frac{3}{2}-2x_0+x_0{}^2+y_0{}^2)\pi=(\frac{1}{2}+(x_0-1)^2+y_0{}^2)\pi\end{aligned}$$

其中 $D=\left\{(x,y)\middle|(x-1)^2+y^2\leqslant 1\right\}$，所以，当 $x_0=1$，$y_0=0$ 时，该立体体积最小，$V_{\min}=\frac{\pi}{2}$。

31．解：u 的梯度 $\mathrm{grad}(u)=\frac{\partial u}{\partial x}\vec{i}+\frac{\partial u}{\partial y}\vec{j}+\frac{\partial u}{\partial z}\vec{k}=\vec{i}+\vec{j}+\vec{k}$，单位球面上点 $P(x_0,y_0,z_0)$ 处的单位外法向量 $\vec{n}$ 的方向，就是点 P 的位置向量，即，$\vec{n}=x_0\vec{i}+y_0\vec{j}+z_0\vec{k}$，从而函数 $u(x,y,z)$ 在点 $P(x_0,y_0,z_0)$ 处，沿单位球面的外法向量 $\vec{n}$ 的方向导数为 $\frac{\partial u}{\partial\vec{n}}=\mathrm{grad}(u,x,y,z)\cdot\vec{n}=(\vec{i}+\vec{j}+\vec{k})(x_0\vec{i}+y_0\vec{j}+z_0\vec{k})=x_0+y_0+z_0$，运用拉格朗日乘数法，求其限制在单位球面上的最大值、最小值，作辅助函数：$F(x_0,y_0,z_0,\lambda)=x_0+y_0+z_0+\lambda(x_0{}^2+y_0{}^2+z_0{}^2-1)$，令：$F'_{x_0}=1+2\lambda x_0=0$，$F'_{y_0}=1+2\lambda y_0=0$，$F'_{z_0}=1+2\lambda z_0=0$，$F'_{\lambda}=x_0{}^2+y_0{}^2+z_0{}^2-1=0$，得：$x_0=y_0=z_0=\pm\frac{1}{\sqrt{3}}$，从而可知，在点 $(\frac{\sqrt{3}}{3},\frac{\sqrt{3}}{3},\frac{\sqrt{3}}{3})$ 处，$\frac{\partial u}{\partial\vec{n}}$ 取最大值，最大值为 $\frac{\partial u}{\partial\vec{n}}=\sqrt{3}$，在点 $(\frac{-\sqrt{3}}{3},\frac{-\sqrt{3}}{3},\frac{-\sqrt{3}}{3})$ 处，$\frac{\partial u}{\partial\vec{n}}$ 取最小值，最小值为 $\frac{\partial u}{\partial\vec{n}}=-\sqrt{3}$。

32．解：$\frac{\partial u}{\partial x}=f'(r)\frac{\partial r}{\partial x}=\frac{x}{r}f'(r)$，$\frac{\partial^2u}{\partial x^2}=\frac{1}{r}f'(r)-\frac{x^2}{r^3}f'(r)+\frac{x^2}{r^2}f''(r)$，同理，$\frac{\partial^2u}{\partial y^2}=\frac{1}{r}f'(r)-\frac{y^2}{r^3}f'(r)+\frac{y^2}{r^2}f''(r)$，$\frac{\partial^2u}{\partial z^2}=\frac{1}{r}f'(r)-\frac{z^2}{r^3}f'(r)+\frac{z^2}{r^2}f''(r)$，所以，$\frac{\partial^2u}{\partial x^2}+\frac{\partial^2u}{\partial y^2}+\frac{\partial^2u}{\partial z^2}=\frac{3}{r}f'(r)-\frac{1}{r}f'(r)+f''(r)=\frac{2}{r}f'(r)+f''(r)$。

33．解：$\frac{\mathrm{d}}{\mathrm{d}x}\varphi^3(x)=3\varphi^2(x)\varphi'(x)$

$$\begin{aligned}\varphi'(x)&=f_1'(x,f(x,2x))+f_2'(x,f(x,2x))\frac{\mathrm{d}}{\mathrm{d}x}\cdot f(x,2x)\\&=f_1'(x,f(x,2x))+f_2'(x,f(x,2x))(f_1'(x,2x)+f_2'(x,2x)\cdot 2)\end{aligned}$$

$$\begin{aligned}\varphi'(1)&=f_1'(1,f(1,2))+f_2'(1,f(1,2))(f_1'(1,2)+f_2'(1,2)\cdot 2)\\&=f_1'(1,2)+f_2'(1,2))(f_1'(1,2)+f_2'(1,2)\cdot 2)\\&=3+4(3+8)=47\end{aligned}$$

34．解：设该长方体在第一象限中且在抛物面上的一个顶点坐标为(x_0,y_0,z_0)，于是$V=4x_0y_0(c-z_0)$，且$\frac{z_0}{c}-(\frac{{x_0}^2}{a^2}+\frac{{y_0}^2}{b^2})=0$。

方法 1：去掉下角，考虑$F(x,y,z,\lambda)=4xy(c-z)+\lambda(\frac{z}{c}-\frac{x^2}{a^2}-\frac{y^2}{b^2})$，由拉格朗日乘数，令$\frac{\partial F}{\partial x}=0$，$\frac{\partial F}{\partial y}=0$，$\frac{\partial F}{\partial z}=0$，$\frac{\partial F}{\partial \lambda}=0$，即：

$$\begin{cases}4y(c-z)-\frac{2\lambda}{a^2}x=0\\4x(c-z)-\frac{2\lambda}{a^2}y=0\\-4xy+\frac{\lambda}{c}=0\\\frac{z}{c}-\frac{x^2}{a^2}-\frac{y^2}{b^2}=0\end{cases}$$

解得$x_0=\frac{a}{2}$，$y_0=\frac{b}{2}$，$z_0=\frac{c}{2}$，在Ω中的解唯一，且当点$(x_0,y_0,z_0)\to\Omega$的边界时，$v\to 0$，所以当$x_0=\frac{a}{2}$，$y_0=\frac{b}{2}$，$z_0=\frac{c}{2}$时，V最大，$\max V=\frac{1}{2}abc$。

方法 2：写成无条件的最值问题，$V=4c(xy-\frac{x^3y}{a^2}-\frac{xy^3}{b^2})$，$\begin{cases}\frac{\partial V}{\partial x}=4c(y-\frac{3x^2y}{a^2}-\frac{y^3}{b^2})=0\\\frac{\partial V}{\partial y}=4c(x-\frac{x^2}{a^2}-\frac{3xy^2}{b^2})=0\end{cases}$

解得$x_0=\frac{a}{2}$，$y_0=\frac{b}{2}$，于是$z_0=\frac{c}{2}$（下略）。

35.（1）按定义，$f_x'(0,0)=\lim\limits_{x\to 0}\frac{f(x,0)-f(0,0)}{x}=\lim\limits_{x\to 0}\frac{0}{x^3}=0$，同理，$f_y'(0,0)=0f(x,y)$。

（2）$\Delta f=f(0+\Delta x,0+\Delta y)-f(0,0)=\frac{(\Delta x)^2(\Delta y)^2}{\left[(\Delta x)^2+(\Delta y)^2\right]^{\frac{3}{2}}}$，$f(x,y)$在点$(0,0)$处可微的充要条件是：$\lim\limits_{(\Delta x,\Delta y)\to(0,0)}\frac{\Delta f}{\left[(\Delta x)^2+(\Delta y)^2\right]^{\frac{1}{2}}}=0$，即$\lim\limits_{(\Delta x,\Delta y)\to(0,0)}\frac{(\Delta x)^2(\Delta y)^2}{\left[(\Delta x)^2+(\Delta y)^2\right]^2}$，取$\Delta y=k(\Delta x)$，令$\Delta x\to x$，$\lim\limits_{(\Delta x,\Delta y)\to(0,0)}\frac{(\Delta x)^2(\Delta y)^2}{\left[(\Delta x)^2+(\Delta y)^2\right]^2}=\frac{k^2}{(1+k^2)^2}$，随$k$而变，即

$\lim\limits_{(\Delta x,\Delta y)\to(0,0)} \dfrac{(\Delta x)^2(\Delta y)^2}{\left[(\Delta x)^2+(\Delta y)^2\right]^2}$ 不存在，所以 $f(x,y)$ 在点 $(0,0)$ 处不可微。

36．解：两式分别对 x 求导数，有：$\begin{cases} yz+xz\dfrac{\mathrm{d}y}{\mathrm{d}x}+xy\dfrac{\mathrm{d}z}{\mathrm{d}x}=0 \\ 2x+2y\dfrac{\mathrm{d}y}{\mathrm{d}x}-2a\dfrac{\mathrm{d}z}{\mathrm{d}x}=0 \end{cases}$，将 $x=a$，$y=a$，$z=a$

代入得 $\begin{cases} y'(a)+z'(a)=-1 \\ y'(a)-z'(a)=-1 \end{cases}$，所以 $y'(a)=-1$，$z'(a)=0$，所以切线的方向向量可取 $\{1,-1,0\}$，

切线方程 $\dfrac{x-a}{1}=\dfrac{y-a}{-1}$ 且 $z-a=0$，即 $\begin{cases} x+y-2a=0 \\ z=a \end{cases}$。

37．解：设 $u=xy$，$v=\dfrac{1}{2}(x^2-y^2)$，$g(x,y)=f(u,v)$，$\dfrac{\partial g}{\partial x}=y\dfrac{\partial f}{\partial u}+x\dfrac{\partial f}{\partial v}$，

$\dfrac{\partial g}{\partial y}=x\dfrac{\partial f}{\partial u}-y\dfrac{\partial f}{\partial v}$，$\dfrac{\partial^2 g}{\partial x^2}=y(y\dfrac{\partial^2 f}{\partial u^2}+x\dfrac{\partial^2 f}{\partial u\partial v})+x(x\dfrac{\partial^2 f}{\partial v^2}+y\dfrac{\partial^2 f}{\partial u\partial v})+\dfrac{\partial f}{\partial v}$，

$\dfrac{\partial^2 g}{\partial y^2}=x(x\dfrac{\partial^2 f}{\partial u^2}-y\dfrac{\partial^2 f}{\partial u\partial v})+y(y\dfrac{\partial^2 f}{\partial v^2}-x\dfrac{\partial^2 f}{\partial u\partial v})-\dfrac{\partial f}{\partial v}$，

所以 $\dfrac{\partial^2 g}{\partial x^2}+\dfrac{\partial^2 g}{\partial y^2}=(x^2+y^2)(\dfrac{\partial^2 f}{\partial u^2}+\dfrac{\partial^2 f}{\partial v^2})=x^2+y^2$。

38．解：令 $v=u^2=x^2+y^2+z^2$，则有

$$F(x,y,z,\lambda,\mu)=x^2+y^2+z^2+\lambda(x^2+y^2-z)+\mu(x+y+z-4)$$

由拉格朗日乘数，令 $\dfrac{\partial F}{\partial x}=\dfrac{\partial F}{\partial y}=\dfrac{\partial F}{\partial z}=\dfrac{\partial F}{\partial \lambda}=\dfrac{\partial F}{\partial \mu}=0$，得。

$$\begin{cases} 2x+2\lambda x+\mu=0 & (1) \\ 2y+2\lambda x+\mu=0 & (2) \\ 2z-\lambda+\mu=0 & (3) \\ x^2+y^2-z=0 & (4) \\ x+y+z-4=0 & (5) \end{cases}$$

由式（1）－式（2）得：$2(\lambda+1)(x-y)=0$，解得：$\lambda=-1$ 或 $x=y$，若 $\lambda=-1$，则由式（1）得 $\mu=0$，由式（3）$\Rightarrow z=-\dfrac{1}{2}$ 与式（4）矛盾，所以取 $x=y$，由式（4）和式（5）可得 $z=2x^2$ 和 $z-4+2x=0 \Rightarrow (x+2)(x-1)=0$，于是得 $(x,y,z)=(-2,-2,8)$ 或 $(1,1,2)$，所以 $u=\sqrt{72}$ 或 $u=\sqrt{6}$。讨论：约束条件 $x^2+y^2-z=0$，$x+y+z-4=0$ 表示旋转抛物面 $x^2+y^2-z=0$ 与平面 $x+y+z-4=0$ 的交线，是空间从一个椭圆 C：$u=\sqrt{x^2+y^2+z^2}$ 为原点到 C 上的点的距离，所以存在最大距离和最小距离，现在求得仅此两点，得 $u_{\max}=\sqrt{72}$，$u_{\min}=\sqrt{6}$.

39．解：由全微分的表达式可知：$xy(x+y)-y=\dfrac{\partial u(x,y)}{\partial x}$，$f(x)+x^2y=\dfrac{\partial u(x,y)}{\partial y}$，

方法 1：由$f'(x)$连续，所以$\dfrac{\partial^2 u}{\partial x\partial y}=x^2+2xy-1=\dfrac{\partial^2 u}{\partial x\partial y}=f'(x)+2xy$，且$f'(x)=x^2-1$，

$f(x)=\dfrac{x^3}{3}-x+C_1$，所给表达式为：

$$(xy(x+y)-y)\mathrm{d}x+(\frac{1}{3}x^3-x+C_1+x^2y)\mathrm{d}y=x^2y\mathrm{d}x+xy^2\mathrm{d}x-y\mathrm{d}x+\frac{1}{3}x^3\mathrm{d}y-x\mathrm{d}y+C_1\mathrm{d}y+x^2y\mathrm{d}y$$

$$=(x^2y\mathrm{d}x+\frac{1}{3}x^3\mathrm{d}y)+(xy^2\mathrm{d}x+x^2y\mathrm{d}y)-(y\mathrm{d}x+x\mathrm{d}y)+C_1\mathrm{d}y$$

$$=\frac{1}{3}\mathrm{d}(x^3y)+xy\mathrm{d}(xy)-\mathrm{d}(xy)+C_1\mathrm{d}y$$

$$=\mathrm{d}(\frac{1}{3}x^3y+\frac{1}{2}(xy)^2-xy+C_1y)$$

所以$u(x,y)=\dfrac{1}{3}x^3y+\dfrac{1}{2}x^2y^2-xy+C_1y+C_2$。

（利用微分形式不变性求微分方程）

方法 2：由$\dfrac{\partial u}{\partial y}=f(x)+x^2y$，所以$u=f(x)y+\dfrac{1}{2}x^2y^2+C_1x$，再由$\dfrac{\partial u}{\partial x}=xy(x+y)-y$，有

$f'(x)y+xy^2+C_1'(x)=(x^2-1)y+xy^2$，$f'(x)=x^2-1$，$C_1'(x)=0$，$f(x)=\dfrac{1}{3}x^3-x+C_2$，

$C_1(x)=C_1$。

方法 3：由$\dfrac{\partial u}{\partial x}=xy(x+y)-y=x^2y+xy^2-y$，有$u=\dfrac{1}{3}x^3y+\dfrac{1}{2}x^2y^2-yx+C_1(y)$，

$\dfrac{\partial u}{\partial y}=\dfrac{1}{3}x^3y+x^2y-x+C_1'(y)=f(x)+x^2y$，$f(x)=\dfrac{1}{3}x^3-x+C_1'(y)$，因为$f(x)$仅为$x$的

函数，所以$C_1'(y)$只是常数，$C_1'(y)\equiv C_1$，$C_1(y)=C_1y+C_2$，$f(x)=\dfrac{1}{3}x^3-x+C_1$，所以

$u(x,y)=\dfrac{1}{3}x^3y+\dfrac{1}{2}x^2y^2-xy+C_1y+C_2$。

40．解：记$F(x,y,z)=x^2+3y^2+z^2-1$，$F_x'=2x$，$F_y'=6y$，$F_z'=2z$，

$\vec{n}=\{F_x',F_y',F_z'\}|_M=\{\dfrac{2\sqrt{3}}{3},2,\dfrac{2\sqrt{3}}{3}\}$或$\{\dfrac{\sqrt{3}}{3},1,\dfrac{\sqrt{3}}{3}\}$，切平面方程为

$\dfrac{\sqrt{3}}{3}(x-\dfrac{\sqrt{3}}{3})+(y-\dfrac{1}{3})+\dfrac{\sqrt{3}}{3}(z-\dfrac{\sqrt{3}}{3})=0$，$\dfrac{\sqrt{3}}{3}x+y+\dfrac{\sqrt{3}}{3}z=1$，$\sqrt{3}x+3y+\sqrt{3}z=3$

又因为$A(\sqrt{3},0,0)$，$B(0,1,0)$，$C(0,0,\sqrt{3})$，$\overrightarrow{AB}=\{-\sqrt{3},1,0\}$，$\overrightarrow{AC}=\left\{\sqrt{3},0,\sqrt{3}\right\}$。

41．解：

$$\frac{\partial z}{\partial x}=\frac{\partial z}{\partial u}\cdot\frac{\partial u}{\partial x}+\frac{\partial z}{\partial v}\cdot\frac{\partial v}{\partial x}=\frac{\partial z}{\partial u}+\frac{\partial z}{\partial v}$$

$$\frac{\partial z}{\partial y}=\frac{\partial z}{\partial u}\cdot\frac{\partial u}{\partial y}+\frac{\partial z}{\partial v}\cdot\frac{\partial v}{\partial y}=\frac{a}{2\sqrt{y}}\cdot\frac{\partial z}{\partial u}+\frac{2}{2\sqrt{y}}\cdot\frac{\partial z}{\partial v}=\frac{1}{\sqrt{y}}\cdot(\frac{a}{2}\cdot\frac{\partial z}{\partial u}+\frac{\partial z}{\partial v})$$

$$\frac{\partial^2 z}{\partial x^2}=\frac{\partial^2 z}{\partial u^2}+2\cdot\frac{\partial^2 z}{\partial u\partial v}+\frac{\partial^2 z}{\partial v^2}$$

$\frac{\partial^2 z}{\partial y^2}=-\frac{1}{2}y^{-\frac{3}{2}}\cdot(\frac{a}{2}\cdot\frac{\partial z}{\partial u}+\frac{\partial z}{\partial v})+\frac{1}{\sqrt{y}}\cdot(\frac{a^2}{4\sqrt{y}}\cdot\frac{\partial^2 z}{\partial u^2}+\frac{a}{\sqrt{y}}\cdot\frac{\partial^2 z}{\partial u\partial v}+\frac{1}{\sqrt{y}}\cdot\frac{\partial^2 z}{\partial v^2})$ 代入方程，有

$\frac{\partial^2 z}{\partial x^2}-y\cdot\frac{\partial^2 z}{\partial y^2}-\frac{1}{2}\cdot\frac{\partial z}{\partial y}=(1-\frac{a^2}{4})\cdot\frac{\partial^2 z}{\partial u^2}+(2-a)\cdot\frac{\partial^2 z}{\partial u\partial v}=0$，$\begin{cases}2-a\neq 0\\ 1-\frac{a^2}{4}=0\end{cases}$，解得 $a=-2$，

$\overrightarrow{AB}\times\overrightarrow{AC}=\begin{vmatrix}\vec{i} & \vec{j} & \vec{k}\\ -\sqrt{3} & 1 & 0\\ -\sqrt{3} & 0 & \sqrt{3}\end{vmatrix}=\{\sqrt{3},3,\sqrt{3}\}$，$S_{\triangle ABC}=\frac{1}{2}\left|\overrightarrow{AB}\times\overrightarrow{AC}\right|=\frac{1}{2}\sqrt{15}$。

42．解：$f_x'(x,y)=2x+y+1$，得 $f(x,y)=x^2+xy+x+\varphi(y)$，$f_y'(x,y)=x+\varphi'(y)$，$\varphi'(y)=2y+3$，$\varphi(y)=y^2+3y+C$，故 $f(x,y)=x^2+xy+x+y^2+3y+C$，由于 $f(0,0)=1$，得 $C=1$，所以 $f(x,y)=x^2+xy+x+y^2+3y+1$。由 $\begin{cases}f_x'(x,y)=2x+y+1=0\\ f_y'(x,y)=x+2y+3=0\end{cases}$，得驻点 $P(\frac{1}{3},-\frac{5}{3})$，$f_{xx}''(x,y)=2$，$f_{xy}''(x,y)=1$，$f_{yy}''(x,y)=2$，$B^2-AC=1^2-2\times 2=-3<0$，且 $A=2>0$，$P(\frac{1}{3},-\frac{5}{3})$ 为极小值点，且极小值为 $f(\frac{1}{3},-\frac{5}{3})=-\frac{4}{3}$。

43．解：$\vec{l}=\{\frac{\sqrt{2}}{2},-\frac{\sqrt{2}}{2},0\}$，则 $f(x,y,z)$ 在点 $M(x,y,z)$ 处的方向导数 $\frac{\partial f}{\partial l}\Big|_M=\frac{\partial f}{\partial x}\cos\alpha+\frac{\partial f}{\partial y}\cos\beta+\frac{\partial f}{\partial z}\cos\gamma=\sqrt{2}(x-y)$，

记：$L(x,y,z,\lambda)=x-y+\lambda(2x^2+2y^2+z^2-1)$，求偏导数并令其为零，则有

$$\begin{cases}L_x'=1+4\lambda x=0\\ L_y'=-1+4\lambda y=0\\ L_z'=2\lambda z=0\\ L_\lambda'=2x^2+2y^2+z^2-1=0\end{cases}$$

解得：$M_1(\frac{1}{2},-\frac{1}{2},0)$，$M_2(-\frac{1}{2},\frac{1}{2},0)$，$\frac{\partial f}{\partial \vec{l}}\Big|_{M_1}=\sqrt{2}$，$\frac{\partial f}{\partial \vec{l}}\Big|_{M_2}=-\sqrt{2}$，所求点 $M_1(\frac{1}{2},-\frac{1}{2},0)$。

第 11 章 同步练习解

1. $\dfrac{2\pi}{3}$。

2. （1）$\iint\limits_D (x+y)^2 \mathrm{d}\sigma \geqslant \iint\limits_D (x+y)^3 \mathrm{d}\sigma$；

（2）$\iint\limits_D (x+y)^3 \mathrm{d}\sigma \geqslant \iint\limits_D (x+y)^2 \mathrm{d}\sigma$；

（3）$\iint\limits_D \ln(x+y) \mathrm{d}\sigma \geqslant \iint\limits_D \ln(x+y)^2 \mathrm{d}\sigma$；

（4）$\iint\limits_D \left(\ln(x+y)\right)^2 \mathrm{d}\sigma \geqslant \iint\limits_D \ln(x+y) \mathrm{d}\sigma$。

3. $\dfrac{9}{4}$。

4. $-\dfrac{45}{8}$。

5. （1）$1-\sin 1$；（2）$\dfrac{1}{2}(\dfrac{3}{4}\mathrm{e}-\mathrm{e}^{\frac{1}{2}})$。

6. （1）$\int_0^1 \mathrm{d}y \int_{-\sqrt{1-y^2}}^{\sqrt{1-y^2}} f(x,y)\mathrm{d}x$；（2）$\int_{-a}^0 \mathrm{d}y \int_{-\sqrt{a^2-y^2}}^{x+a} f(x,y)\mathrm{d}x$。

7. $\dfrac{11}{15}$。

8. （1）0；（2）0；（31）0。

9. $I=\dfrac{\pi}{4}a^4+4\pi a^2$。

10. $\dfrac{1}{2}(1-\mathrm{e}^{-1})$。

11. $\dfrac{3}{2}\pi$。

12. $\dfrac{41\pi}{2}$。

13. πR^3。

14. $\dfrac{1}{2}\ln 2-\dfrac{5}{16}$。

15. $\dfrac{21}{2}\pi$。

16. $\dfrac{8}{3}\pi$。

17. $\dfrac{\pi^2}{8}$。

18. （1）πa^3；（2）$\dfrac{\pi}{6}$。

19. $\dfrac{1}{48}$。

20. $\dfrac{4}{15}\pi abc^3$。

21. $\dfrac{64}{3}\pi$。

22. $4\pi a^2$。

23. πa^2。

第 11 章　提高题解答

1. 证法 1：令$F(x)=\int_0^x f(y)\mathrm{d}y$，$F'(x)=f(x)$，则

$$\begin{aligned}\int_0^1\mathrm{d}x\int_0^x f(x)f(y)\mathrm{d}y &= \int_0^1 f(x)F(x)\mathrm{d}x \\ &= \int_0^1 F(x)\mathrm{d}F(x)=\frac{1}{2}F^2(x)\Big|_0^1 \\ &= \frac{1}{2}(F^2(1)-F^2(0))=\frac{1}{2}F^2(1)=\frac{1}{2}(\int_0^1 f(y)\mathrm{d}y)^2\end{aligned}$$

因为$0\leqslant(\int_0^1 f(y)\mathrm{d}y)^2\leqslant 1$，所以，$0\leqslant\int_0^1\mathrm{d}x\int_0^x f(x)f(y)\mathrm{d}y\leqslant\dfrac{1}{2}$得证。

证法 2：$\int_0^1\mathrm{d}x\int_0^x f(x)f(y)\mathrm{d}y=\int_0^1\mathrm{d}x\int_x^1 f(x)f(y)\mathrm{d}y$，而后

$$\int_0^1\mathrm{d}x\int_x^1 f(x)f(y)\mathrm{d}y+\int_0^1\mathrm{d}x\int_0^x f(x)f(y)\mathrm{d}y=\int_0^1\mathrm{d}x\int_0^1 f(x)f(y)\mathrm{d}y$$

所以$\int_0^1\mathrm{d}x\int_0^x f(x)f(y)\mathrm{d}y=\dfrac{1}{2}\int_0^1\mathrm{d}x\int_0^1 f(x)f(y)\mathrm{d}y=\dfrac{1}{2}(\int_0^1 f(x)\mathrm{d}x)^2$。

所以$0\leqslant\int_0^1\mathrm{d}x\int_0^x f(x)f(y)\mathrm{d}y\leqslant\dfrac{1}{2}$得证。

2. 解：$\iint\limits_D \mathrm{e}^{\frac{y}{x}}\mathrm{d}\sigma=\int_0^1\mathrm{d}x\int_{x^2}^x \mathrm{e}^{\frac{y}{x}}\mathrm{d}y=\int_0^1 x\mathrm{e}^{\frac{y}{x}}\Big|_{x^2}^x\mathrm{d}x=\int_0^1(\mathrm{e}x-x\mathrm{e}^x)\mathrm{d}x=\dfrac{\mathrm{e}}{2}-1$。

3. 解：积分区域D，化为极坐标：

$$\int_0^a \mathrm{d}x\int_{-x}^{-a+\sqrt{a^2-x^2}}\frac{\mathrm{d}y}{\sqrt{(x^2+y^2)(4a^2-x^2-y^2)}}$$

$$=\iint_D \frac{1}{\sqrt{4a^2-r^2}}\mathrm{d}r\mathrm{d}\theta=\int_{-\frac{\pi}{4}}^0\mathrm{d}\theta\int_0^{-2a\sin\theta}\frac{\mathrm{d}r}{\sqrt{4a^2-r^2}}$$

$$=\int_{-\frac{\pi}{4}}^0 \arcsin\frac{r}{2a}\Big|_0^{-2a\sin\theta}\mathrm{d}\theta=\int_{-\frac{\pi}{4}}^0(-\theta)\mathrm{d}\theta=-\frac{\theta^2}{2}\Big|_{-\frac{\pi}{4}}^0=\frac{\pi^2}{32}$$

4. $\int_{-1}^1\mathrm{d}x\int_0^{\sqrt{1-x^2}}\frac{1+y+xy^2}{1+x^2+y^2}\mathrm{d}y$

$$=\iint_D\frac{1+y+xy^2}{1+x^2+y^2}\mathrm{d}\sigma=\iint_D\frac{1+y}{1+x^2+y^2}\mathrm{d}\sigma+\iint_D\frac{xy^2}{1+x^2+y^2}\mathrm{d}\sigma$$

$$=\iint_D\frac{1+y}{1+x^2+y^2}\mathrm{d}\sigma+0=\int_0^\pi\mathrm{d}\theta\int_0^1\frac{1+r\sin\theta}{1+r^2}r\mathrm{d}r$$

$$=\int_0^\pi\mathrm{d}\theta\int_0^1\frac{r}{1+r^2}\mathrm{d}r+\int_0^\pi\mathrm{d}\theta\int_0^1\frac{r^2\sin\theta}{1+r^2}\mathrm{d}r$$

$$=\frac{\pi}{2}\ln 2+2(1-\frac{\pi}{4})$$

5. 解：交换积分次序得：

$$\int_0^1\mathrm{d}x\int_0^{\frac{\sqrt{x}}{2}}\mathrm{e}^{-2y^2}\mathrm{d}y=\int_0^{\frac{1}{2}}\mathrm{d}y\int_{4y^2}^1\mathrm{e}^{-2y^2}\mathrm{d}x=\int_0^{\frac{1}{2}}\mathrm{e}^{-2y^2}(1-4y^2)\mathrm{d}y=\int_0^{\frac{1}{2}}\mathrm{e}^{-2y^2}\mathrm{d}y-\int_0^{\frac{1}{2}}4y^2\mathrm{e}^{-2y^2}\mathrm{d}y$$

$$=\int_0^{\frac{1}{2}}\mathrm{e}^{-2y^2}\mathrm{d}y+\int_0^{\frac{1}{2}}y\mathrm{d}\mathrm{e}^{-2y^2}=\int_0^{\frac{1}{2}}\mathrm{e}^{-2y^2}\mathrm{d}y+y\mathrm{e}^{-2y^2}\Big|_0^{\frac{1}{2}}-\int_0^{\frac{1}{2}}\mathrm{e}^{-2y^2}\mathrm{d}y=\frac{1}{2}\mathrm{e}^{-\frac{1}{2}}$$

6. 解：设 $\iint_D\frac{af(x)+bf(y)}{f(x)+f(y)}\mathrm{d}\sigma=I$， $I=\iint_D\frac{af(x)+bf(y)}{f(x)+f(y)}\mathrm{d}\sigma=\iint_D\frac{af(y)+bf(x)}{f(y)+f(x)}\mathrm{d}\sigma$，

所以 $2I=\iint_D(a+b)\mathrm{d}\sigma=a+b$， $I=\frac{1}{2}(a+b)$。

7. 解： $\int_0^2\mathrm{d}x\int_0^{x^2-2x}f(x,y)\mathrm{d}y=\int_{-1}^0\mathrm{d}y\int_{1+\sqrt{1+y}}^{1-\sqrt{1+y}}f(x,y)\mathrm{d}x$ ；

$$\text{或}=-\int_{-1}^0\mathrm{d}y\int_{1-\sqrt{1+y}}^{1+\sqrt{1+y}}f(x,y)\mathrm{d}x\ ;$$

$$\text{或}=\int_0^{-1}\mathrm{d}y\int_{1-\sqrt{1+y}}^{1+\sqrt{1+y}}f(x,y)\mathrm{d}x\ 。$$

8. 解：将分成两块， $\frac{1}{4}$ 的圆记为 D_1，另一块记为 D_2。则有

$$\iint_D|x^2+y^2-1|\mathrm{d}\sigma=\iint_{D_1}(1-x^2-y^2)\mathrm{d}\sigma+\iint_{D_2}(x^2+y^2-1)\mathrm{d}\sigma$$

$$=\iint_{D_1}(1-x^2-y^2)\mathrm{d}\sigma+\iint_D(x^2+y^2-1)\mathrm{d}\sigma-\iint_{D_1}(x^2+y^2-1)\mathrm{d}\sigma$$

$$=2\iint\limits_{D_1}(1-x^2-y^2)\mathrm{d}\sigma+\iint\limits_{D}(x^2+y^2-1)\mathrm{d}\sigma$$

$$=2\int_0^{\frac{\pi}{2}}\mathrm{d}\theta\int_0^1(1-r^2)r\mathrm{d}r+\int_0^1\mathrm{d}y\int_0^1(x^2+y^2-1)\mathrm{d}x$$

$$=\frac{\pi}{4}+(-\frac{2}{3}+\frac{1}{3})=\frac{\pi}{4}-\frac{1}{3}$$

9. 解：积分区域如图 11-2 所示。

方法 1：$\iint\limits_{D}(x-y)\mathrm{d}\sigma=\iint\limits_{D_1}(x-y)\mathrm{d}\sigma+\iint\limits_{D_2}(x-y)\mathrm{d}\sigma$

$$\iint\limits_{D_1}(x-y)\mathrm{d}\sigma=\int_{1-\sqrt{2}}^{0}\mathrm{d}x\int_{1-\sqrt{2-(x-1)^2}}^{1+\sqrt{2-(x-1)^2}}(x-y)\mathrm{d}y$$

$$=\int_{1-\sqrt{2}}^{0}2(x-1)\sqrt{2-(x-1)^2}\mathrm{d}x$$

$$=-\frac{2}{3}(\sqrt{2-(x-1)^2})^3\Big|_{1-\sqrt{2}}^{0}=-\frac{2}{3}$$

$$\iint\limits_{D_2}(x-y)\mathrm{d}\sigma=\int_0^2\mathrm{d}x\int_x^{1+\sqrt{2-(x-1)^2}}(x-y)\mathrm{d}y$$

$$=-\frac{1}{2}\int_0^2\left(2-2(x-1)\sqrt{2-(x-1)^2}\right)\mathrm{d}x=-2$$

所以 $\iint\limits_{D}(x-y)\mathrm{d}\sigma=-\frac{8}{3}$。

方法 2：用极坐标圆 $(x-1)^2+(y-1)^2=2$ 化为极坐标为 $r=2(\sin\theta+\cos\theta)$，其中 $\frac{\pi}{4}\leqslant\theta\leqslant\frac{3\pi}{4}$，$\iint\limits_{D}(x-y)\mathrm{d}\sigma=\int_{\frac{\pi}{4}}^{\frac{3\pi}{4}}\mathrm{d}\theta\int_0^{2(\sin\theta+\cos\theta)}r^2(\cos\theta-\sin\theta)\mathrm{d}r$

$$=\frac{8}{3}\int_{\frac{\pi}{4}}^{\frac{3\pi}{4}}(\sin\theta+\cos\theta)^3\mathrm{d}(\sin\theta+\cos\theta)$$

$$=\frac{2}{3}(\sin\theta+\cos\theta)^4\Big|_{\frac{\pi}{4}}^{\frac{3\pi}{4}}=-\frac{8}{3}$$

方法 3：作坐标变换 $x-1=r\cos\theta$，$y-1=r\sin\theta$，其中 $\frac{\pi}{4}\leqslant\theta\leqslant\frac{5\pi}{4}$，

$$\iint\limits_{D}(x-y)\mathrm{d}\sigma=\iint\limits_{D}\big((x-1)-(y-1)\big)\mathrm{d}\sigma$$

$$=\int_{\frac{\pi}{4}}^{\frac{5\pi}{4}}\mathrm{d}\theta\int_0^{\sqrt{2}}r(\cos\theta-\sin\theta)r\mathrm{d}r=\int_{\frac{\pi}{4}}^{\frac{5\pi}{4}}(\cos\theta-\sin\theta)\mathrm{d}\theta\int_0^{\sqrt{2}}r^2\mathrm{d}r$$

$$=(\sin\theta+\cos\theta)\Big|_{\frac{\pi}{4}}^{\frac{5\pi}{4}}\cdot(\frac{r^3}{3})\Big|_0^{\sqrt{2}}=-2\sqrt{2}\cdot\frac{2}{3}\sqrt{2}=-\frac{8}{3}$$

10. 解：积分区域如图 11-3 所示：

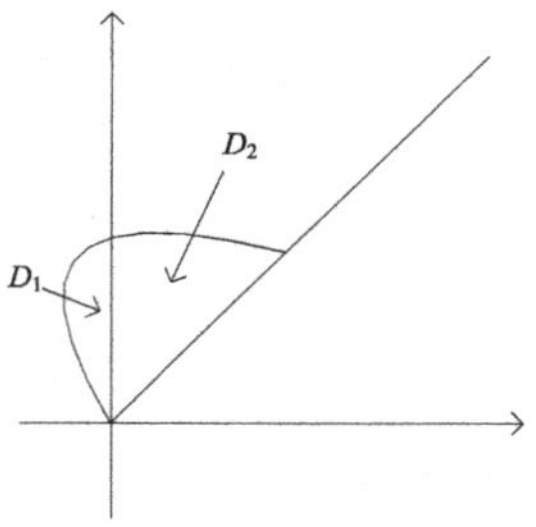

图 11-2

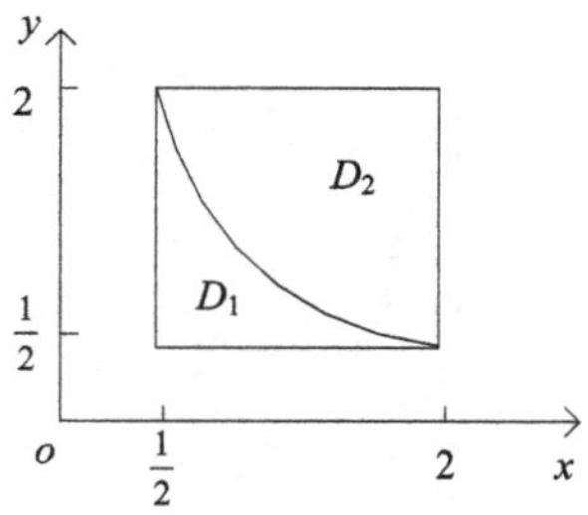

图 11-3

$$\iint_D |xy-1|\,\mathrm{d}\sigma = \iint_{D_1} |xy-1|\,\mathrm{d}\sigma + \iint_{D_2} |xy-1|\,\mathrm{d}\sigma$$

$$= \int_{\frac{1}{2}}^{2}\mathrm{d}x\int_{\frac{1}{2}}^{\frac{1}{x}}(1-xy)\mathrm{d}y + \int_{\frac{1}{2}}^{2}\mathrm{d}x\int_{\frac{1}{x}}^{2}(xy-1)\mathrm{d}y$$

$$= \int_{\frac{1}{2}}^{2}(\frac{1}{2x}-\frac{1}{2}+\frac{x}{8})\mathrm{d}x + \int_{\frac{1}{2}}^{2}(2x-2+\frac{1}{2x})\mathrm{d}x$$

$$= \frac{1}{2}(\ln 2-\ln\frac{1}{2}) - \frac{1}{2}(2-\frac{1}{2}) + \frac{1}{16}(2^2-(\frac{1}{2})^2) +$$

$$(4-\frac{1}{4}) - 2(2-\frac{1}{2}) + \frac{1}{2}(\ln 2-\ln\frac{1}{2}) = 2\ln 2 + \frac{15}{64}$$

11. 解：$\int_0^1 \mathrm{d}y\int_{\sqrt{y}}^1 \sqrt{x^4-y^2}\,\mathrm{d}x = \int_0^1 \mathrm{d}x\int_0^{x^2} \sqrt{x^4-y^2}\,\mathrm{d}y$，由于 $\int_0^{x^2} \sqrt{x^4-y^2}\,\mathrm{d}y$ 是半径为 x^2 的圆面积的 $\frac{1}{4}$，等于 $\frac{\pi}{4}x^4$，所以，$\int_0^1 \mathrm{d}y\int_{\sqrt{y}}^1 \sqrt{x^4-y^2}\,\mathrm{d}x = \int_0^1 \frac{\pi}{4}x^4\mathrm{d}x = \frac{\pi}{20}$，其中 $\int_0^{x^2} \sqrt{x^4-y^2}\,\mathrm{d}y$ 也可作变换 $y = x^2\sin t$ 计算，当 $y=0$ 时 $t=0$，且当 $y=x^2$ 时，$t=\frac{\pi}{2}$，$\mathrm{d}y = x^2\cos t\mathrm{d}t$，所以，$\int_0^{x^2} \sqrt{x^4-y^2}\,\mathrm{d}y = \pi^4\int_0^{\frac{\pi}{2}}\cos^2 t\mathrm{d}t = \frac{\pi}{4}$。

12. 解：$V = \iint_D \sqrt{x^2+y^2}\,\mathrm{d}\sigma = \int_0^{\frac{\pi}{4}}\mathrm{d}\theta\int_0^{2\cos\theta} r^2\mathrm{d}r = \frac{10}{9}\sqrt{2}$。

13. 解：$I = \iint_D y\sqrt{1-x^2+y^2}\,\mathrm{d}\sigma$

$$= \frac{1}{2}\int_0^1 \mathrm{d}x\int_0^x \sqrt{1-x^2+y^2}\,\mathrm{d}(1-x^2+y^2)$$

$$= \frac{1}{3}\int_0^1 (1-x^2+y^2)^{\frac{3}{2}}\Big|_0^x \mathrm{d}x = \frac{1}{3}\int_0^1 (1-(1-x^2)^{\frac{3}{2}})\mathrm{d}x$$

$$= \frac{1}{3} - \frac{1}{3}\int_0^{\frac{\pi}{2}}\cos^4 t\mathrm{d}t = \frac{1}{3} - \frac{\pi}{16}$$

（注：其中 $D = \{(x,y)\,|\,0\leqslant x\leqslant 1, 0\leqslant y\leqslant x\}$，且令 $x=\sin t$）。

14. 解：（1）将 D 分成 3 部分：$D_1 = \{(x,y)\,\Big|\,0\leqslant x\leqslant \frac{1}{2}, 0\leqslant y\leqslant 2\}$；

$D_2=\{(x,y)\left|\frac{1}{2}\leqslant x\leqslant 2,0\leqslant y\leqslant\frac{1}{x}\right.\}$； $D_3=\{(x,y)\left|\frac{1}{2}\leqslant x\leqslant 2,\frac{1}{x}\leqslant y\leqslant 2\right.\}$。

$$A=\iint\limits_{D_1}(1-xy)\mathrm{d}x\mathrm{d}y+\iint\limits_{D_2}(1-xy)\mathrm{d}x\mathrm{d}y+\iint\limits_{D_3}(xy-1)\mathrm{d}x\mathrm{d}y=\frac{3}{2}+2\ln 2\text{。}$$

（2）$I=\left|\iint\limits_{D}(xy-1)f(x,y)\mathrm{d}x\mathrm{d}y\right|\leqslant\iint\limits_{D}|xy-1||f(x,y)|\mathrm{d}x\mathrm{d}y\leqslant M\iint\limits_{D}|xy-1|\mathrm{d}x\mathrm{d}y=MA$。

其中 $M=\max\limits_{(x,y)\in D}|f(x,y)|$，由闭区域上连续函数性质可知：存在 $(\xi,\eta)\in D$，使 $f(\xi,\eta)=M$，所以存在 $(\xi,\eta)\in D$ 使 $f(\xi,\eta)A\geqslant 1$，证毕。

15. 解：方法 1：交换积分次序：

$$\int_0^1\mathrm{d}x\int_{x^2}^1\frac{xy}{\sqrt{1+y^3}}\mathrm{d}y=\int_0^1\mathrm{d}y\int_0^{\sqrt{y}}\frac{xy}{\sqrt{1+y^3}}\mathrm{d}x=\frac{1}{2}\int_0^1\frac{y^2}{\sqrt{1+y^3}}\mathrm{d}y$$

$$=\frac{1}{2}\cdot\frac{2}{3}\sqrt{1+y^3}\Big|_0^1=\frac{1}{3}(\sqrt{2}-1)$$

方法 2：利用分部积分法：

$$\int_0^1\mathrm{d}x\int_{x^2}^1\frac{xy}{\sqrt{1+y^3}}\mathrm{d}y=\int_0^1(\int_{x^2}^1\frac{y}{\sqrt{1+y^3}}\mathrm{d}y)\mathrm{d}(\frac{x^2}{2})$$

$$=(\frac{x^2}{2}\int_{x^2}^1\frac{y}{\sqrt{1+y^3}}\mathrm{d}y)\Big|_0^1-\int_0^1\frac{x^2}{2}\mathrm{d}(\int_{x^2}^1\frac{y}{\sqrt{1+y^3}}\mathrm{d}y)$$

$$=0+\int_0^1\frac{x^2}{2}\cdot\frac{x^2}{\sqrt{1+x^6}}\cdot 2x\mathrm{d}x=\frac{1}{6}\cdot 2\sqrt{1+x^6}\Big|_0^1=\frac{1}{3}(\sqrt{2}-1)$$

16. 解：如图 11-4 所示，将 D 分成 3 部分：$D_1\cup D_2\cup D_3$。

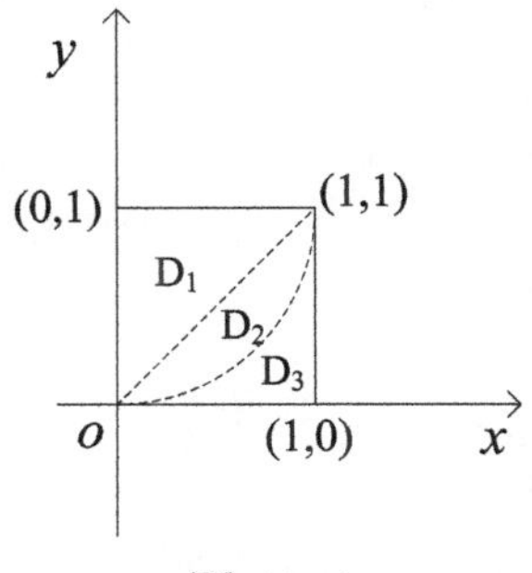

图 11-4

$$\iint\limits_{D}f(x,y)|y-x^2|\mathrm{d}\sigma=\iint\limits_{D_1}y(y-x^2)\mathrm{d}\sigma+\iint\limits_{D_2}x(y-x^2)\mathrm{d}\sigma+\iint\limits_{D_3}x(x^2-y)\mathrm{d}\sigma$$

$$=\int_0^1\mathrm{d}x\int_x^1(y^2-yx^2)\mathrm{d}y+\int_0^1\mathrm{d}x\int_{x^2}^x(xy-x^3)\mathrm{d}y+\int_0^1\mathrm{d}x\int_0^{x^2}(x^3-xy)\mathrm{d}y=\frac{11}{40}$$

17. 解：利用极坐标法：

$$\iint\limits_{D}\mathrm{e}^{\frac{y}{x+y}}\mathrm{d}\sigma=\int_0^{\frac{\pi}{4}}\mathrm{d}\theta\int_{\frac{1}{\cos\theta+\sin\theta}}^{\frac{2}{\cos\theta+\sin\theta}}\mathrm{e}^{\frac{\sin\theta}{\cos\theta+\sin\theta}}r\mathrm{d}r$$

$$=\frac{1}{2}\int_0^{\frac{\pi}{4}} e^{\frac{\sin\theta}{\cos\theta+\sin\theta}} \frac{3}{(\cos\theta+\sin\theta)^2}d\theta$$

$$=\frac{3}{2}\int_0^{\frac{\pi}{4}} e^{\frac{\sin\theta}{\cos\theta+\sin\theta}} d(\frac{\sin\theta}{\cos\theta+\sin\theta})$$

$$=\frac{3}{2}e^{\frac{\sin\theta}{\cos\theta+\sin\theta}}\bigg|_0^{\frac{\pi}{4}}=\frac{3}{2}(e^{\frac{1}{2}}-1)$$

18. 解：$0<R_1\leqslant x^2+y^2\leqslant R_2$，且$x,y\geqslant 0$，则有

$$\iint_{\Omega} e^{x^2+y^2+\ln\frac{x+y}{\sqrt{x^2+y^2}}}dxdy=\int_0^{\frac{\pi}{2}}\int_{R_1}^{R_2} e^{r^2+\ln(\cos\theta+\sin\theta)}rdrd\theta$$

$$=\int_0^{\frac{\pi}{2}}(\cos\theta+\sin\theta)d\theta\int_{R_1}^{R_2}e^{r^2}rdr=e^{R_2^2}-e^{R_1^2}$$

19. 解：$\int_0^1 dy\int_{y^{\frac{2}{3}}}^1 y\sin x^2dx=\int_0^1 dx\int_0^{x^{\frac{3}{2}}} y\sin x^2dy=\frac{1}{2}\int_0^1 x^3\sin x^2dx=\frac{1}{4}\int_0^1 t\sin tdt$

$$=\frac{1}{4}(-t\cos t\big|_0^1+\int_0^1\cos tdt)=\frac{1}{4}(\sin 1-\cos 1)$$

20. 解：抛物面上，点处$P(x_0,y_0,z_0)$的切平面方程为

$$2x_0(x-x_0)+2y_0(y-y_0)-(z-z_0)=0 \text{或} z=2x_0x+2y_0y-x_0^{\,2}-y_0^{\,2}+1$$

于是由题中提出的三者围成的立体的体积是：其中$D=\{(x,y)\big|(x-1)^2+y^2\leq 1\}$，则有

$$V=\iint_D(Z_{\text{抛物面}}-Z_{\text{切平面}})dxdy$$

$$=\iint_D\Big((1+x^2+y^2)-(2x_0x+2y_0y-x_0^{\,2}-y_0^{\,2}+1)\Big)dxdy$$

$$=\iint_D(x^2+y^2-2x_0x)dxdy+\iint_D(x_0^{\,2}+y_0^{\,2})dxdy-2y_0\iint_D ydxdy$$

$$=2\int_0^{\frac{\pi}{2}}\int_0^{2\cos\theta}(r^2-2x_0r\cos\theta)rdrd\theta+(x_0^{\,2}+y_0^{\,2})\pi-0$$

$$=(\frac{3}{2}-2x_0+x_0^{\,2}+y_0^{\,2})\pi=(\frac{1}{2}+(x_0-1)^2+y_0^{\,2})\pi.$$

所以当$x_0=1$，$y_0=0$时，该立体体积最小，$V_{\min}=\frac{\pi}{2}$。

21. 解：$D=\{(x,y)\big||x|\leqslant y\leqslant\sqrt{2-x^2},-1\leqslant x\leqslant 1\}$，$D$关于$y$轴对称，则有

$$\int_{-1}^1 dx\int_{|x|}^{\sqrt{2-x^2}}(xy+1)\sin(x^2+y^2)dy=\iint_D(xy+1)\sin(x^2+y^2)d\sigma=\iint_D\sin(x^2+y^2)d\sigma$$

$$=\int_{-\frac{\pi}{4}}^{\frac{\pi}{4}}d\theta\int_0^{\sqrt{2}}r\sin r\,dr=\frac{\pi}{4}(-\cos r^2)\bigg|_0^{\sqrt{2}}=\frac{\pi}{4}(1-\cos 2)$$

$$=\frac{1}{2}\int_0^{\frac{\pi}{4}} e^{\frac{\sin\theta}{\cos\theta+\sin\theta}} \frac{1}{(\cos\theta+\sin\theta)^2}\mathrm{d}\theta$$

$$=\frac{1}{2}\int_0^{\frac{\pi}{4}} e^{\frac{\sin\theta}{\cos\theta+\sin\theta}} \mathrm{d}\left(\frac{\sin\theta}{\cos\theta+\sin\theta}\right)$$

$$=\frac{3}{2}e^{\frac{\sin\theta}{\cos\theta+\sin\theta}}\Big|_0^{\frac{\pi}{4}}=\frac{3}{2}(e^{\frac{1}{2}}-1)$$

18. 解：$0<R_1^2\le x^2+y^2\le R_2^2$，且 $x,y\ge 0$，则有

$$\iint_D e^{x^2+y^2}\frac{x+y}{\sqrt{x^2+y^2}}\mathrm{d}x\mathrm{d}y=\int_0^{\frac{\pi}{2}}\int_{R_1}^{R_2} e^{r^2}(\cos\theta+\sin\theta)r\,\mathrm{d}r\,\mathrm{d}\theta$$

$$=\int_0^{\frac{\pi}{2}}(\cos\theta+\sin\theta)\mathrm{d}\theta\int_{R_1}^{R_2}e^{r^2}r\,\mathrm{d}r=e^{R_2^2}-e^{R_1^2}$$

19. 解：$\int_0^1\mathrm{d}y\int_y^1 x^2\sin x^2\mathrm{d}x=\int_0^1\mathrm{d}x\int_0^x x^2\sin x^2\mathrm{d}y=\int_0^1 x^3\sin x^2\mathrm{d}x=\frac{1}{2}\int_0^1 t\sin t\,\mathrm{d}t$

$$=\frac{1}{2}\left(-t\cos t\Big|_0^1+\int_0^1\cos t\,\mathrm{d}t\right)=\frac{1}{2}(\sin 1-\cos 1)$$

20. 解：抛物面上一点 $P(x_0,y_0,z_0)$ 处的切平面方程为

$$2x_0(x-x_0)+2y_0(y-y_0)-(z-z_0)=0 \text{ 或 } z=2x_0x+2y_0y-x_0^2-y_0^2+1$$

于是由题中提出的立体体积可用二重积分表示，其中 $D=\{(x,y)\mid(x-1)^2+y^2\le 1\}$，故有

$$V=\iint_D(z_{[illegible]}-z_{[illegible]})\mathrm{d}x\mathrm{d}y$$

$$=\iint_D[(1+x^2+y^2)-(2x_0x+2y_0y-x_0^2-y_0^2+1)]\mathrm{d}x\mathrm{d}y$$

$$=\iint_D(x^2+y^2-2x_0x)\mathrm{d}x\mathrm{d}y+\iint_D(x_0^2+y_0^2)\mathrm{d}x\mathrm{d}y-2y_0\iint_D y\,\mathrm{d}x\mathrm{d}y$$

$$=2\int_0^{\frac{\pi}{2}}\int_0^{2\cos\theta}(r^2-2x_0r\cos\theta)r\,\mathrm{d}r\,\mathrm{d}\theta+(x_0^2+y_0^2)\pi-0$$

$$=\left(\frac{3}{2}-2x_0+x_0^2+y_0^2\right)\pi=\left(\frac{1}{2}+(x_0-1)^2+y_0^2\right)\pi,$$

所以当 $x_0=1$，$y_0=0$ 时，该立体体积最小，$V_{min}=\frac{\pi}{2}$。

21. 解：$D=\{(x,y)\mid 1\le y\le\sqrt{2-x^2},-1\le x\le 1\}$，$D$ 关于 y 轴对称，则有

$$\int_{-1}^{1}\mathrm{d}x\int_1^{\sqrt{2-x^2}}(x+1)\sin(x^2+y^2)\mathrm{d}y=\iint_D(x+1)\sin(x^2+y^2)\mathrm{d}\sigma=\iint_D\sin(x^2+y^2)\mathrm{d}\sigma$$

$$=\int_{\frac{\pi}{4}}^{\frac{3\pi}{4}}\mathrm{d}\theta\int_{[illegible]}^{\sqrt{2}} r\sin r^2\,\mathrm{d}r=\frac{\pi}{4}(-\cos r^2)\Big|_{[illegible]}^{\sqrt{2}}=\frac{\pi}{4}(1-\cos 2)$$

22. 解： $\iint\limits_D (y^2+(xy)^{2013})\mathrm{d}x\mathrm{d}y=\int_{-1}^{1}\mathrm{d}x\int_{x^3}^{1}y^2\mathrm{d}y+\int_{-1}^{1}x^{2013}\mathrm{d}x\int_{x^3}^{1}y^{2013}\mathrm{d}y$

$$=\int_{-1}^{1}(\frac{1}{3}-\frac{1}{3}x^9)\mathrm{d}x+\int_{-1}^{1}(\frac{x^{2013}}{2014}-\frac{y^{8055}}{2014})\mathrm{d}x$$

$$=\frac{2}{3}+0=\frac{2}{3}$$

23. 解： $V=\iint\limits_D y\sqrt{1+2x+y^2}\mathrm{d}x\mathrm{d}y=\int_0^4\mathrm{d}x\int_0^x y\sqrt{1+2x+y^2}\mathrm{d}y=\int_0^4\frac{1}{3}(1+2x+y^2)^{\frac{3}{2}}\Big|_0^x\mathrm{d}x$

$$=\frac{1}{3}\int_0^4\left((1+x)^3-(1+2x)^{\frac{3}{2}}\right)\mathrm{d}x=\frac{1}{12}(1+x)^4\Big|_0^4-\frac{1}{15}(1+2x)^{\frac{5}{2}}\Big|_0^4=\frac{1221}{5}$$

24. 解：令 $D_1=\{(x,y)\big|-2\leqslant x\leqslant 0,0\leqslant y\leqslant 2\}$， $D_2=\{(x,y)\big|-\sqrt{2y-y^2}\leqslant x\leqslant 0\}$，

$$\iint\limits_D y\mathrm{d}\sigma=\iint\limits_{D_1} y\mathrm{d}\sigma-\iint\limits_{D_2} y\mathrm{d}\sigma=\int_{-2}^{0}\mathrm{d}x\int_0^2 y\mathrm{d}y-\int_{\frac{\pi}{2}}^{\pi}\mathrm{d}\theta\int_0^{2\sin\theta}r^2\sin\theta\mathrm{d}r$$

$$=4-\frac{8}{3}\int_{\frac{\pi}{2}}^{\pi}\sin^4\theta\mathrm{d}\theta=4-\frac{8}{3}\cdot\frac{3}{4}\cdot\frac{1}{2}\cdot\frac{\pi}{2}=4-\frac{\pi}{2}$$

25. 解： D 关于 x 轴对称， $\sin(xy)$ 是 y 的奇函数， $1+x$ 是 y 的偶函数，取 $D_1=\{(x,y)\big|x^2+y^2\leqslant 1,x\geqslant,y\geqslant 0\}$，则有

$$\iint\limits_D\frac{1+x+\sin(xy)}{1+x^2+y^2}\mathrm{d}\sigma=2\iint\limits_{D_1}\frac{1+x}{1+x^2+y^2}\mathrm{d}\sigma=2\int_0^{\frac{\pi}{2}}\mathrm{d}\theta\int_0^1\frac{1+r\cos\theta}{1+r^2}r\mathrm{d}r$$

$$=2\int_0^{\frac{\pi}{2}}\mathrm{d}\theta\int_0^1\frac{r}{1+r^2}\mathrm{d}r+2\int_0^{\frac{\pi}{2}}\mathrm{d}\theta\int_0^1\frac{r^2\cos\theta}{1+r^2}\mathrm{d}r$$

$$=\frac{\pi}{2}\ln 2+2\int_0^{\frac{\pi}{2}}\cos\theta\mathrm{d}\theta\int_0^1(1-\frac{r^2}{1+r^2})\mathrm{d}r$$

$$=\frac{\pi}{2}\ln 2+2(1-\frac{\pi}{4})=\frac{\pi}{2}(\ln 2-1)+2$$

26. 解： $\int_0^1\mathrm{d}y\int_0^1\sqrt{\mathrm{e}^{2x}-y^2}\mathrm{d}x+\int_1^{\mathrm{e}}\mathrm{d}y\int_{\ln y}^1\sqrt{\mathrm{e}^{2x}-y^2}\mathrm{d}x=\int_0^1\mathrm{d}x\int_0^{\mathrm{e}^x}\sqrt{\mathrm{e}^{2x}-y^2}\mathrm{d}y$，内含积分，令 $y=\mathrm{e}^x\sin t$（x 视为常数）， $\int_0^{\mathrm{e}^x}\sqrt{\mathrm{e}^{2x}-y^2}\mathrm{d}y=\int_0^{\frac{\pi}{2}}\mathrm{e}^{2x}\cos^2 t\mathrm{d}t=\mathrm{e}^{2x}\cdot\frac{1}{2}\cdot\frac{\pi}{2}=\frac{\pi}{4}\mathrm{e}^{2x}$，所以， $\int_0^1\mathrm{d}x\int_0^{\mathrm{e}^x}\sqrt{\mathrm{e}^{2x}-y^2}\mathrm{d}y=\frac{\pi}{4}\int_0^1\mathrm{e}^{2x}\mathrm{d}x=\frac{\pi}{8}(\mathrm{e}^2-1)$。

注：也可以由几何意义得 $\int_0^{\mathrm{e}^x}\sqrt{\mathrm{e}^{2x}-y^2}\mathrm{d}y=\frac{\pi}{4}(\mathrm{e}^x)^2=\frac{\pi}{4}\mathrm{e}^{2x}$。

27. 解：由对称性，则有

$$\iint\limits_D\frac{|x|y}{\sqrt{1+y^3}}\mathrm{d}\sigma=2\int_0^1\mathrm{d}y\int_0^{\sqrt{y}}\frac{xy}{\sqrt{1+y^3}}\mathrm{d}x=2\int_0^1\frac{y}{\sqrt{1+y^3}}\mathrm{d}y\int_0^{\sqrt{y}}x\mathrm{d}x$$

$$=\int_0^1\frac{y^2}{\sqrt{1+y^3}}\mathrm{d}y=\frac{2}{3}\sqrt{1+y^3}\Big|_0^1=\frac{2}{3}(\sqrt{2}-1)$$

28. 解：交换积分次序：

$$\int_{\frac{1}{4}}^{\frac{1}{2}}\mathrm{d}y\int_{\frac{1}{2}}^{\sqrt{y}}\mathrm{e}^{\frac{y}{x}}\mathrm{d}x=\int_{\frac{1}{2}}^{1}\mathrm{d}y\int_{y}^{\sqrt{y}}\mathrm{e}^{\frac{y}{x}}\mathrm{d}x=\int_{\frac{1}{2}}^{1}\mathrm{d}x\int_{x^2}^{x}\mathrm{e}^{\frac{y}{x}}\mathrm{d}y=\int_{\frac{1}{2}}^{1}x(\mathrm{e}-\mathrm{e}^{x})\mathrm{d}x=\frac{3}{8}\mathrm{e}-\frac{1}{2}\sqrt{\mathrm{e}}$$

29. 解：$\begin{cases}x=r\cos\theta\\x=r\sin\theta\end{cases}$，$0\le\theta\leqslant\dfrac{\pi}{2}$，$0\leqslant r\leqslant\dfrac{1}{\cos\theta+\sin\theta}$，则有

$$\iint_D\cos(\frac{x-y}{x+y})\mathrm{d}\sigma=\int_0^{\frac{\pi}{2}}\mathrm{d}\theta\int_0^{\frac{1}{\cos\theta+\sin\theta}}\cos(\frac{\cos\theta-\sin\theta}{\cos\theta+\sin\theta})r\mathrm{d}r$$

$$=\frac{1}{2}\int_0^{\frac{\pi}{2}}\cos(\frac{\cos\theta-\sin\theta}{\cos\theta+\sin\theta})\frac{1}{(\cos\theta+\sin\theta)^2}\mathrm{d}\theta$$

$$=-\frac{1}{4}\sin(\frac{\cos\theta-\sin\theta}{\cos\theta+\sin\theta})\Big|_0^{\frac{\pi}{2}}$$

$$=-\frac{1}{4}(\sin(-1)-\sin 1)=\frac{1}{2}\sin 1$$

注：$\dfrac{1}{2}\displaystyle\int_0^{\frac{\pi}{2}}\cos(\frac{\cos\theta-\sin\theta}{\cos\theta+\sin\theta})\frac{1}{(\cos\theta+\sin\theta)^2}\mathrm{d}\theta=\frac{1}{2}\int_0^{\frac{\pi}{2}}\cos(\frac{1-\tan\theta}{1+\tan\theta})\frac{1}{(\sqrt{2}\cos(\frac{\pi}{4}-\theta)^2}\mathrm{d}\theta$

$$=-\frac{1}{4}\int_0^{\frac{\pi}{2}}\cos(\tan(\frac{\pi}{4}-\theta))\mathrm{d}\tan(\frac{\pi}{4}-\theta)$$

$$=-\frac{1}{4}\sin(\tan(\frac{\pi}{4}-\theta))\Big|_0^{\frac{\pi}{2}}=\frac{1}{2}\sin 1$$

30. 解：$D=\{(x,y)\,|\,0\leqslant x\leqslant 1,0\leqslant y\leqslant 1\}$，$D_1=\{(x,y)\,|\,x^2+y^2\leqslant 1\}$，

（1）$|x^2+y^2-1|=\begin{cases}1-(x^2+y^2), & (x,y)\in D\\x^2+y^2-1, & (x,y)\in D\setminus D_1\end{cases}$

$$\iint_D|x^2+y^2-1|\mathrm{d}\sigma=\iint_{D_1}|x^2+y^2-1|\mathrm{d}\sigma+\iint_{D\setminus D_1}|x^2+y^2-1|\mathrm{d}\sigma$$

$$=2\iint_{D_1}(1-(x^2+y^2))\mathrm{d}\sigma+\iint_D(x^2+y^2-1)\mathrm{d}\sigma$$

$$2\int_0^{\frac{\pi}{2}}\mathrm{d}\theta\int_0^1(1-r^2)\mathrm{d}r+\int_0^1\mathrm{d}x\int_0^1(x^2+y^2-1)\mathrm{d}y=\frac{\pi}{4}-\frac{1}{3}$$

（2）$\dfrac{\pi}{4}-\dfrac{1}{3}=\displaystyle\iint_D f(x,y)(x^2+y^2)\mathrm{d}\sigma-\iint_D f(x,y)\mathrm{d}\sigma=\left|\iint_D f(x,y)(x^2+y^2-1)\mathrm{d}\sigma\right|\leqslant$

$\displaystyle\iint_D|f(x,y)||x^2+y^2-1|\mathrm{d}\sigma\leqslant M\iint_D|x^2+y^2-1|\mathrm{d}\sigma=M(\frac{\pi}{4}-\frac{1}{3})$，所以 $M\geqslant 1$，其中

$M=\max\limits_{(x,y)\in D}\left|f(x,y)\right|$，因为$\left|f(x,y)\right|$在闭区域$D$上连续，所以，$\exists(\xi,\eta)\in D$使得$\left|f(\xi,\eta)\right|=M$，即$\exists(\xi,\eta)\in D$，使$\left|f(\xi,\eta)\right|\geqslant 1$。

31. 解：$\int_0^{\pi}\mathrm{d}\theta\int_0^{\frac{\pi}{4}}\mathrm{d}\varphi\int_{\frac{1}{\cos\varphi}}^{2\cos\varphi}f(\rho\cos\theta\sin\varphi,\rho\sin\theta\sin\varphi,\rho\cos\varphi)\rho^2\sin\varphi\mathrm{d}\rho$。

32. 证明：（1）利用柱面坐标：（先对r积分再对θ积分，然后再对z积分）

$$\iiint\limits_{\Omega}f(z)\mathrm{d}V=\int_{-1}^{1}\mathrm{d}z\int_0^{2\pi}\mathrm{d}\theta\int_0^{\sqrt{1-z^2}}f(z)r\mathrm{d}r=2\pi\int_{-1}^{1}f(z)(\frac{1}{2}r^2)\Big|_0^{\sqrt{1-z^2}}\mathrm{d}z$$

$$=\pi\int_{-1}^{1}f(z)(1-z^2)\mathrm{d}z$$

（2）解：由（1）可知，所求质量为：

$$M=\pi\int_{-1}^{1}z^4(1-z^2)\mathrm{d}z=\pi(\frac{2}{5}-\frac{2}{7})=\frac{4\pi}{35}$$

33. 解：用柱面坐标，先z后(r,θ)，则有

$$\iiint\limits_{\Omega}(x^2+y^2)\mathrm{d}V=\iint\limits_{D}\mathrm{d}\sigma\int_{\frac{1}{2}(x^2+y^2)}^{8}(x^2+y^2)\mathrm{d}z=\iint\limits_{D}(x^2+y^2)(\frac{1}{8}-\frac{1}{2}(x^2+y^2))\mathrm{d}\sigma$$

$$=\int_0^{2\pi}\mathrm{d}\theta\int_0^4 r^2(8-\frac{1}{2}r^2)r\mathrm{d}r=\frac{1024}{3}\pi$$

其中$D=\left\{(x,y)\middle|x^2+y^2\leqslant 16\right\}$，用柱面坐标，先$(r,\theta)$后$z$，则有

$$\iiint\limits_{\Omega}(x^2+y^2)\mathrm{d}V=\int_0^8\mathrm{d}z\int_0^{2\pi}\mathrm{d}\theta\int_0^{\sqrt{2z}}r^3\mathrm{d}\theta r=\frac{1024}{3}\pi$$

34. 解：$I_t=\iiint\limits_{V(t)}(x^2+y^2+z^2)^{\frac{b}{2}}\mathrm{d}x\mathrm{d}y\mathrm{d}z=\int_0^{2\pi}\mathrm{d}\theta\int_0^{\pi}\mathrm{d}\varphi\int_0^t\rho^b\rho^2\sin\varphi\mathrm{d}\varphi=\frac{4\pi}{3+b}t^{b+3}$

$$\lim_{t\to 0^+}\frac{I_t}{t^a}=\lim_{t\to 0^+}\frac{4\pi}{3+b}t^{b+3-a}=\begin{cases}\frac{4\pi}{3+b}, & a=b+3\\ 0\ , & a<b+3\end{cases}$$

35. 解：化成柱面坐标：

$$\int_{-1}^{1}\mathrm{d}x\int_0^{\sqrt{1-x^2}}\mathrm{d}y\int_0^{1+\sqrt{1-x^2-y^2}}\frac{\mathrm{d}z}{\sqrt{x^2+y^2}}=\int_0^{\pi}\mathrm{d}\theta\int_0^1\mathrm{d}r\int_1^{1+\sqrt{1-r^2}}\mathrm{d}z=\pi\int_0^1\sqrt{1-r^2}\mathrm{d}r=\frac{\pi^2}{4}$$

36. 解：方法1：先(x,y)后z，记：$D_z=\{(x,y)|\frac{x^2}{a^2}+\frac{y^2}{b^2}\leqslant z\}$，则有

$$\iiint\limits_{\Omega}z\mathrm{d}V=\int_0^1\mathrm{d}z\iint\limits_{D_z}z\mathrm{d}\sigma=\int_0^1 z\mathrm{d}z\iint\limits_{D_z}\mathrm{d}\sigma=\int_0^1\pi a\sqrt{z}b\sqrt{z}z\mathrm{d}z=\pi ab\int_0^1 z^2\mathrm{d}z=\frac{\pi}{3}ab$$

方法2：先z后(x,y)，记：$D=\{(x,y)|\frac{x^2}{a^2}+\frac{y^2}{b^2}\leqslant 1\}$，则有

$$\iiint\limits_{\Omega}z\mathrm{d}V=\iint\limits_{D}\mathrm{d}\sigma\int_{\frac{x^2}{a^2}+\frac{y^2}{b^2}}^{1}z\mathrm{d}z=\frac{1}{2}\iint\limits_{D}(1-(\frac{x^2}{a^2}+\frac{y^2}{b^2})^2)\mathrm{d}\sigma$$

再用广义极坐标，令$x=ra\cos\theta$，$y=rb\sin\theta$，$\mathrm{d}\sigma=abr\mathrm{d}r\mathrm{d}\theta$，则有

$$\iiint\limits_{\Omega} z\mathrm{d}V=\frac{1}{2}\int_0^{2\pi}\mathrm{d}\theta\int_0^1(1-r^4)rab\mathrm{d}r=\frac{ab}{2}\int_0^{2\pi}\mathrm{d}\theta\int_0^1(r-r^5)\mathrm{d}r=\pi ab(\frac{1}{2}-\frac{1}{6})=\frac{1}{3}\pi ab$$

方法 3：由方法 2，有

$$\iiint\limits_{\Omega} z\mathrm{d}V=\frac{1}{2}\iint\limits_{D}(1-\frac{x^4}{a^4}-2\frac{x^2y^2}{a^2b^2}-\frac{y^4}{b^4})\mathrm{d}\sigma$$

$$=2\int_0^a\mathrm{d}x\int_0^{\frac{b}{a}\sqrt{a^2-x^2}}(1-\frac{x^4}{a^4}-2\frac{x^2y^2}{a^2b^2}-\frac{y^4}{b^4})\mathrm{d}y$$

$$=2\int_0^a(\frac{b}{a}(a^2-x^2)^{\frac{1}{2}}-\frac{b}{a^5}x^4(a^2-x^2)^{\frac{1}{2}}-\frac{2x^2}{3a^2b^2}\cdot\frac{b^3}{a^3}(a^2-x^2)^{\frac{3}{2}}-\frac{1}{5b^4}\cdot\frac{b^5}{a^5}(a^2-x^2)^{\frac{5}{2}})\mathrm{d}x$$

再作变量变换 $x=a\sin t$，有

$$\iiint\limits_{\Omega} z\mathrm{d}V=2\int_0^{\frac{\pi}{2}}(b\cos t-b\sin^4 t\cos t-\frac{2}{3}b\sin^2 t\cos^3 t-\frac{1}{5}b\cos^5 t)a\cos t\mathrm{d}t$$

$$=2ab\int_0^{\frac{\pi}{2}}(\cos^2 t-\sin^4 t\cos^2 t-\frac{2}{3}\sin^2 t\cos^4 t-\frac{1}{5}\cos^6 t)\mathrm{d}t$$

$$=2ab\int_0^{\frac{\pi}{2}}(\cos^2 t-\sin^4 t+\sin^6 t-\frac{2}{3}\cos^4 t+\frac{2}{3}\cos^6 t-\frac{1}{5}\cos^6 t)\mathrm{d}t$$

$$=2ab(\frac{1}{2}\cdot\frac{\pi}{2}-\frac{3}{4}\cdot\frac{1}{2}\cdot\frac{\pi}{2}+\frac{5}{6}\cdot\frac{3}{4}\cdot\frac{1}{2}\cdot\frac{\pi}{2}-\frac{2}{3}\cdot\frac{3}{4}\cdot\frac{1}{2}\cdot\frac{\pi}{2}+\frac{2}{3}\cdot\frac{5}{6}\cdot\frac{3}{4}\cdot\frac{1}{2}\cdot\frac{\pi}{2}-\frac{1}{5}\cdot\frac{5}{6}\cdot\frac{3}{4}\cdot\frac{1}{2}\cdot\frac{\pi}{2})$$

$$=\frac{1}{3}\pi ab$$

37. 解：原式 $=\iiint\limits_{\Omega}\sqrt{x^2+y^2+z^2}\mathrm{d}V$，其中 $\Omega=\{(x,y,z)|\sqrt{x^2+y^2}\leqslant z\leqslant 1\}$，

改用球面坐标原式 $=\int_0^{2\pi}\mathrm{d}\theta\int_0^{\frac{\pi}{4}}\mathrm{d}\varphi\int_0^{\sec\varphi}\rho^3\sin\varphi\mathrm{d}\rho=\frac{1}{4}\int_0^{2\pi}\mathrm{d}\theta\int_0^{\frac{\pi}{4}}\frac{\sin\varphi}{\cos^4\varphi}\mathrm{d}\varphi$

$$=\frac{1}{12}\int_0^{2\pi}\mathrm{d}\theta\cdot(\frac{1}{\cos^3\varphi})\Big|_0^{\frac{\pi}{4}}=\frac{\pi}{6}(2\sqrt{2}-1)$$

38. 解：$\iiint\limits_{\Omega} z\mathrm{d}V=\int_0^1\mathrm{d}x\int_0^{1-x}\mathrm{d}y\int_0^{\sqrt{1-x-y}}z\mathrm{d}z=\frac{1}{2}\int_0^1\mathrm{d}x\int_0^{1-x}(1-x-y)\mathrm{d}y$

$$=\frac{1}{2}\cdot\frac{1}{2}\int_0^1(1-x)^2\mathrm{d}x=\frac{1}{12}$$

39. 解:用球面坐标 $x=\rho\sin\varphi\cos\theta$，$y=\rho\sin\varphi\sin\theta$，$z=\rho\cos\varphi$，$z=\sqrt{2-(x^2+y^2)}$，化为 $\rho=\sqrt{2}$，则有：

$$\int_{-1}^1\mathrm{d}x\int_{-\sqrt{1-x^2}}^{\sqrt{1-x^2}}\mathrm{d}y\int_{\sqrt{x^2+y^2}}^{\sqrt{2-(x^2+y^2)}}\sqrt{x^2+y^2+z^2}\mathrm{d}z=\int_0^{2\pi}\mathrm{d}\theta\int_0^{\frac{\pi}{4}}\mathrm{d}\varphi\int_0^{\sqrt{2}}\rho\cdot\rho^2\sin\varphi\mathrm{d}\rho$$

$$=\frac{4}{4}\cdot 2\pi(-\cos\varphi)\Big|_0^{\frac{\pi}{4}}=2\pi(1-\frac{\sqrt{2}}{2})=\pi(2-\sqrt{2})$$

40. 解：截面法：$\iiint\limits_{\Omega} z^2\mathrm{d}V = \int_0^c z^2\mathrm{d}z\iint\limits_{D_z}\mathrm{d}\sigma$，其中 $D_z = \{(x,y)|\dfrac{x^2}{a^2}+\dfrac{y^2}{b^2}\leqslant 1+\dfrac{z^2}{c^2}\}$，

$$\iint\limits_{D_z}\mathrm{d}\sigma = \pi a\sqrt{1+\frac{z^2}{c^2}}\cdot\sqrt{1+\frac{z^2}{c^2}} = \pi ab(1+\frac{z^2}{c^2})$$

$$\iiint\limits_{\Omega} z^2\mathrm{d}V = \pi ab\int_0^c(1+\frac{z^2}{c^2})z^2\mathrm{d}z = \pi ab(\frac{c^3}{3}+\frac{c^3}{5}) = \frac{8}{15}\pi abc^3$$

41. 解：$\iiint\limits_{\Omega} f(x)f(y)f(z)\mathrm{d}V = \int_0^1 f(x)\mathrm{d}x\int_0^x f(y)\mathrm{d}y\int_0^y f(z)\mathrm{d}z$

$$= \int_0^1 f(x)\mathrm{d}x\int_0^x f(y)F(y)\mathrm{d}y$$

$$= \int_0^1 f(x)\mathrm{d}x\int_0^x(\frac{1}{2}F^2(y))\mathrm{d}x$$

$$= \frac{1}{2}\int_0^1 f(x)F^2(x)\mathrm{d}x$$

$$= \frac{1}{6}F^3(x)\Big|_0^1 = \frac{a^3}{6}$$

42. 解：解法 1：$\iiint\limits_{\Omega}\mathrm{e}^z\mathrm{d}V = \int_0^1\mathrm{e}^z\mathrm{d}z\iint\limits_{x^2+y^2\leq 1-z^2}\mathrm{d}\sigma = \int_0^1\mathrm{e}^z\pi(1-z^2)\mathrm{d}z = \pi$

解法 2：$\iiint\limits_{\Omega}\mathrm{e}^z\mathrm{d}V = \int_0^{2\pi}\mathrm{d}\theta\int_0^{\frac{\pi}{2}}\mathrm{d}\varphi\int_0^1\mathrm{e}^{\rho\cos\varphi}\rho^2\sin\varphi\mathrm{d}\rho$

$$= \int_0^{2\pi}\mathrm{d}\theta\int_0^1\rho\mathrm{d}\rho\int_0^{\frac{\pi}{2}}\mathrm{e}^{\rho\cos\varphi}\rho\sin\varphi\mathrm{d}\varphi$$

$$= -\int_0^{2\pi}\mathrm{d}\theta\int_0^1\rho\mathrm{e}^{\rho\cos\varphi}\Big|_0^{\frac{\pi}{2}}\mathrm{d}\rho$$

$$= -2\pi\int_0^1\rho(1-\mathrm{e}^{\rho})\mathrm{d}\rho = \pi$$

解法 3：$\iiint\limits_{\Omega}\mathrm{e}^z\mathrm{d}V = \int_0^{2\pi}\mathrm{d}\theta\int_0^1 r\mathrm{d}r\int_0^{\sqrt{1-r^2}}\mathrm{e}^z\mathrm{d}z = 2\pi\int_0^1(\mathrm{e}^{\sqrt{1-r^2}}-1)r\mathrm{d}r = \pi$

43. 证明：区域 Ω 为 $\Omega:\begin{cases}0<v<x\\0<u<v\\0<t<u\end{cases}$，$\Omega$ 是有 4 个平面 $t=0$，$t=u$，$u=v$，$v=x$ 所包围的四面体，则有

$$\int_0^x\mathrm{d}v\int_0^v\mathrm{d}u\int_0^u f(t)\mathrm{d}t = \int_0^x\mathrm{d}t\int_t^x\mathrm{d}v\int_t^v f(t)\mathrm{d}u$$

$$= \int_0^x f(t)\mathrm{d}t\int_t^x\mathrm{d}v\int_t^v\mathrm{d}u = \int_0^x f(t)\mathrm{d}t\int_t^x(v-t)\mathrm{d}v$$

$$= \frac{1}{2}\int_0^x f(t)(x-t)^2\mathrm{d}t$$

44. 解：$\Omega_1=\{(x,y,z)\big|x^2+y^2+z^2\leqslant 1, z\geqslant\sqrt{x^2+y^2}\}$

$\Omega_2=\{(x,y,z)\big|x^2+y^2+z^2\geqslant 1, \sqrt{x^2+y^2}\leqslant z\leqslant 1\}$

$$\iiint\limits_{\Omega}\left|\sqrt{x^2+y^2+z^2}-1\right|\mathrm{d}V=\iiint\limits_{\Omega_1}(1-\sqrt{x^2+y^2+z^2})\mathrm{d}V+\iiint\limits_{\Omega_2}(\sqrt{x^2+y^2+z^2}-1)\mathrm{d}V$$

$$=\int_0^{\frac{\pi}{2}}\mathrm{d}\theta\int_0^{\frac{\pi}{4}}\mathrm{d}\varphi\int_0^1(1-\rho)\rho^2\sin\varphi\mathrm{d}\rho+\int_0^{2\pi}\mathrm{d}\theta\int_0^{\frac{\pi}{4}}\mathrm{d}\varphi\int_0^{\frac{1}{\cos\varphi}}(1-\rho)\rho^2\sin\varphi\mathrm{d}\rho$$

$$=-\int_0^{2\pi}\mathrm{d}\theta\int_0^{\frac{\pi}{4}}(\frac{1}{6}+\frac{1}{4\cos^4\varphi}-\frac{1}{3\cos^3\varphi})\mathrm{d}\cos\varphi=\frac{\pi}{6}(\sqrt{2}-1)$$

45. 解：（1）交换积分次序：$\int_0^1\mathrm{d}z\int_0^z F(y)\mathrm{d}y=\int_0^1\mathrm{d}z\int_y^1 F(y)\mathrm{d}z=\int_0^1(1-y)F(y)\mathrm{d}y$

（2）$\iiint\limits_{\Omega}f(z)\mathrm{d}V=\int_0^1\mathrm{d}z\int_0^z\mathrm{d}y\int_0^y f(x)\mathrm{d}x$，将$\int_0^y f(x)\mathrm{d}x$ 记为$F(y)$，由（1）得

$$\int_0^1\mathrm{d}z\int_0^z\mathrm{d}y\int_0^y f(x)x\mathrm{d}z=\int_0^1\mathrm{d}z\int_0^z F(y)\mathrm{d}y=\int_0^1(1-y)F(y)\mathrm{d}y$$

$$=\int_0^1(1-y)(\int_0^y f(x)\mathrm{d}x)\mathrm{d}y=\int_0^1\mathrm{d}y\int_0^y(1-y)f(x)\mathrm{d}x$$

$$=\int_0^1\mathrm{d}x\int_x^1(1-y)f(x)\mathrm{d}y$$

46.解：利用柱面坐标 $\mathrm{d}v=r\mathrm{d}r\mathrm{d}\theta\mathrm{d}z$

$$\iiint\limits_{\Omega}\frac{1}{\sqrt{x^2+y^2+z}}\mathrm{d}V=\int_1^4\mathrm{d}z\int_0^{2\pi}\mathrm{d}\theta\int_0^{\sqrt{3z}}\frac{r}{\sqrt{r^2+z}}\mathrm{d}r=2\pi\int_1^4\sqrt{r^2+z}\,\Big|_{r=0}^{r=\sqrt{3z}}\mathrm{d}z$$

$$=2\pi\int_1^4(2\sqrt{z}-\sqrt{z})\mathrm{d}z=2\pi\int_1^4\sqrt{z}\mathrm{d}z=\frac{4}{3}\pi z^{\frac{3}{2}}\Big|_1^4=\frac{28\pi}{3}.$$

47. 解：方法一： 用球面坐标，由于对称性

$$\iiint\limits_{\Omega}(x+z)\mathrm{d}V=\iiint\limits_{\Omega}z\mathrm{d}V$$

$$=\int_0^{2\pi}\mathrm{d}\theta\int_0^{\frac{\pi}{4}}\mathrm{d}\varphi\int_0^{\sqrt{2}}\rho\cos\rho\cdot\rho^2\sin\varphi\mathrm{d}\rho=2\pi\cdot\frac{1}{4}(\sqrt{2})^4\frac{1}{2}\sin^2\frac{\pi}{4}=\frac{\pi}{2}.$$

方法二：用直角坐标系，并由对称性

$\iiint\limits_{\Omega}(x+z)\mathrm{d}V=\iiint\limits_{\Omega}z\mathrm{d}V=\iint\limits_{D}\mathrm{d}\sigma\int_{\sqrt{x^2+y^2}}^{\sqrt{2-(x^2+y^2)}}z\mathrm{d}z$，其中 $D=\{(x,y)\big|x^2+y^2\leqslant 1\}$，从而

$\iiint\limits_{\Omega}(x+z)\mathrm{d}V=\frac{1}{2}\iint\limits_{D}[2-(x^2+y^2)-(x^2+y^2)]\mathrm{d}\sigma=\frac{\pi}{2}$。

48. 解：利用球面坐标 $\Omega=\{(\rho,\varphi,\theta)\Big|\frac{1}{\cos\varphi}\leqslant\rho\leqslant 2\cos\varphi, 0\leqslant\varphi\leqslant\frac{\pi}{4}, 0\leqslant\theta\leqslant\pi\}$

$$\iiint\limits_{\Omega}\frac{\mathrm{d}V}{\sqrt{x^2+y^2+z^2}}=\iiint\limits_{\Omega}\frac{\rho^2\sin\varphi\mathrm{d}\rho\mathrm{d}\varphi\mathrm{d}\theta}{\rho}=\int_0^{\pi}\mathrm{d}\theta\int_0^{\frac{\pi}{4}}\sin\varphi\mathrm{d}\varphi\int_{\frac{1}{\cos\varphi}}^{2\cos\varphi}\rho\mathrm{d}\rho$$

$$=\pi\frac{1}{2}\int_0^{\frac{\pi}{4}}[4\cos^2\varphi-\frac{1}{\cos^2\varphi}]\sin\varphi\mathrm{d}\varphi=\frac{\pi}{6}(7-4\sqrt{2})$$

第 12 章　同步练习解答

1. （1）$\sqrt{5}\ln 2$；（2）$2\pi a^5$（3）$\dfrac{\sqrt{a^2+b^2}}{ab}\arctan\dfrac{2\pi b}{a}$；（4）$\dfrac{\pi}{2}a^3$。

2. $e(2+\dfrac{\pi}{4})-2$。

3. $R^3(\alpha-\sin\alpha\cos\alpha)$。

4. $\dfrac{4}{5}$。

5. （1）$-\dfrac{4}{3}a^3$；（2）0。

6. （1）1；（2）1；（3）1。

7. $-\dfrac{87}{4}$。

8. （1）$-\dfrac{56}{15}$；（2）$-\dfrac{\pi}{2}a^3$；（3）0；（4）-2π；（5）$\dfrac{k^3\pi^3}{3}-a\pi^2$；（6）$-\dfrac{14}{15}$。

9. $\displaystyle\int_\Gamma \frac{P+2xQ+3yR}{\sqrt{1+4x^2+9y^2}}\mathrm{d}S$。

10. 2π。

11. （1）$\dfrac{1}{30}$；（2）8。

12. （1）$\dfrac{3}{8}\pi a^2$；（2）12π；（3）πa^2。

13. $-\pi$。

14. （1）$\dfrac{1}{2}\pi a^4$；（2）12；（3）0；（4）$-\dfrac{1}{28}$；（5）$4-\dfrac{\pi}{2}$；（6）$\dfrac{\pi^2}{4}$；（7）$\dfrac{\sin 2}{4}-\dfrac{6}{7}$。

15. （1）$\dfrac{1}{2}x^2+2xy+\dfrac{1}{2}y^2$；（2）$x^2y$；（3）$y^2\sin x+x^2\cos y$；
（4）$\dfrac{1}{3}x^3+x^2y-xy^2-\dfrac{1}{3}y^3$；（5）$\displaystyle\frac{1}{2}\int_0^{x^2+y^2} f(\sqrt{u})\mathrm{d}u$。

16. （1）$\dfrac{1+\sqrt{2}}{2}\pi$；（2）9π；（3）$\dfrac{149}{30}\pi$。

17. $\pi a(a^2-h^2)$。

18. $\dfrac{64}{15}\sqrt{2}a^4$。

19. $\dfrac{\pi}{60}(25\sqrt{5}+1)$。

20. 8π。

21. $\frac{1}{8}$。

22. $-\frac{1}{2}\pi R^4$。

23. $-\frac{9\pi}{2}$。

24. $-\frac{1}{2}\pi h^4$。

25. $3a^4$。

26. $\frac{12}{5}\pi a^5$。

27. 81π。

28. 2π。

29. $2\pi R^2 h$。

30. （1）$\mathrm{div}A = 2x+2y+2z$；

（2）$\mathrm{div}A = 2x$。

31. $\frac{3}{2}$。

32. $-\frac{9}{2}$。

33. -4π。

第 12 章　提高题解答

1. 解：$I=\int_L \frac{x\mathrm{d}y+(1-y)\mathrm{d}x}{x^2(1-y)^2} \triangleq \int_L P\mathrm{d}x+Q\mathrm{d}y$，则有 $\frac{\partial P}{\partial y}=\frac{(1-y)^2}{(x^2+(1-y^2))^2}=\frac{\partial Q}{\partial x}$，因此积分与路径无关。

（1）当 $k>1$ 时，取路径 $MM'N'N$ 得

$$I=\int_{MM'}+\int_{M'N'}+\int_{N'N}=\int_0^k \frac{\mathrm{d}y}{1+(1-y)^2}+\int_1^{-1}\frac{(1-k)\mathrm{d}x}{x^2+(1-k)^2}+\int_k^0\frac{-\mathrm{d}y}{1+(1-y)^2}$$

$$=2(\arctan(k-1)+\arctan\frac{1}{k-1})+\frac{\pi}{2}=2\cdot\frac{\pi}{2}+\frac{\pi}{2}=\frac{3\pi}{2}$$

（2）当 $k<1$ 时，取路径 MN 得：

$$I=\int_{MN}=\int_1^{-1}\frac{\mathrm{d}x}{x^2+1}=\arctan x\Big|_1^{-1}=-\frac{\pi}{4}$$

2. 解：要使 l 的重心落在 yOz 平面上，只需重心坐标 (x^*,y^*,z^*) 中的 $x^*=0$，也就是 $\int_l x\cdot u\mathrm{d}l=0$（其中 $u=1$），即 $\int_{AB+\overline{BC}} x\mathrm{d}l=0$。

而 $\int_{AB} x\mathrm{d}l=\int_0^{\frac{\pi}{2}}\cos t\cdot\sqrt{\sin^2 t+\cos^2 t+(2\sqrt{2})^2}\mathrm{d}t=3$。直线段 $\overline{BC}$ 的方程为

$$\begin{cases}x=-3t\\ y=1-4t \quad (0\leqslant t\leqslant t_0)\\ z=\sqrt{2}\pi\end{cases}$$

C 点的坐标为 $(-3t_0,1-4t_0,\sqrt{2}\pi)$，所以，则有

$$\int_{\overline{BC}} x\mathrm{d}l=-\int_0^{t_0}3t\cdot\sqrt{9+16+0}\mathrm{d}t=-\frac{15}{2}t_0^2$$

于是由 $3-\frac{15}{2}t_0^2=0$　得 $t_0=\sqrt{\frac{2}{5}}$。

因此 $\overline{BC}$ 的长度为：$\sqrt{(3\sqrt{\frac{2}{5}})^2+(4\sqrt{\frac{2}{5}})^2+0^2}=\sqrt{10}$。

3. 方法 1：取 S 为 $z=\sqrt{x^2+y^2}$ 被柱面 $x^2+y^2=2x$ 截下的有限部分上侧，由斯托克斯公式：

$$\oint\limits_L y^2\mathrm{d}x+x^2\mathrm{d}y+z^2\mathrm{d}z=\iint\limits_S(2x-2y)\mathrm{d}x\mathrm{d}y=\iint\limits_D(2x-2y)\mathrm{d}x\mathrm{d}y$$

其中 D 为 S 在 xOy 平面上的投影域，由对称性，可得

$$\iint\limits_D(2x-2y)\mathrm{d}x\mathrm{d}y=\iint\limits_D 2x\mathrm{d}x\mathrm{d}y=\int_{-\frac{\pi}{2}}^{\frac{\pi}{2}}\mathrm{d}\theta\int_0^{2\cos\theta}2r^2\cos\theta\mathrm{d}r$$

$$=\frac{32}{3}\int_0^{\frac{\pi}{2}}\cos^4\theta\mathrm{d}\theta=\frac{32}{3}\cdot\frac{3}{4}\cdot\frac{1}{2}\cdot\frac{\pi}{2}=2\pi$$

方法 2（参数法）：令 $x=1+\cos t$，$y=\sin t$，$z=\sqrt{x^2+y^2}=2\cos\frac{t}{2}$，$t$ 从 $-\pi$ 到 π，

$$\oint\limits_L y^2\mathrm{d}x+x^2\mathrm{d}y+z^2\mathrm{d}z=\int_{-\pi}^{\pi}(-\sin^3 t+(1+\cos t)^2\cos t-4\cos^2\frac{t}{2}\sin\frac{t}{2})\mathrm{d}t$$

$$=2\int_0^{\pi}(\cos t+2\cos^2 t+\cos^3 t)\mathrm{d}t=2\pi$$

4. 解：经计算，有 $\frac{\partial Q}{\partial x}\equiv\frac{\partial P}{\partial y}$，且 $(x,y)\neq(0,0)$，取 $4x^2+y^2=4$ 上半部分，自点 $A(-1,0)$ 至点 $C(1,0)$ 及 $\overline{CB}$，$I=\int_l\frac{x\mathrm{d}y-y\mathrm{d}x}{4x^2+y^2}=\frac{1}{4}\int_{\pi}^{0}2\mathrm{d}t+0=-\frac{\pi}{2}$。

5. 解：添加直线 $\overline{BA}$，有：$\int_l=\int_{l\cup\overline{BA}}-\int_{\overline{BA}}=-\iint\limits_D(-2)\mathrm{d}\sigma-0=2\iint\limits_D\mathrm{d}\sigma=2\times\frac{\pi}{2}(\sqrt{2})^2=2\pi$。

6. 解：$\oint_L(x^2+y)\mathrm{d}S=\oint_{L_1}(x^2+y)\mathrm{d}S+\oint_{L_2}(x^2+y)\mathrm{d}S$，其中

$$\oint_{L_1}(x^2+y)\mathrm{d}S=\int_{-1}^{1}(x^2+x)\sqrt{2}\mathrm{d}x=\frac{2\sqrt{2}}{3}$$

$$\oint_{L_2}(x^2+y)\mathrm{d}S=\int_{-1}^{1}(x^2+x^3)\sqrt{1+9x^4}\mathrm{d}x=\frac{2}{27}(2\sqrt{2}-1)$$

所以，$\oint_L (x^2+y)\mathrm{d}S=\frac{2\sqrt{2}}{3}+\frac{2}{27}(2\sqrt{2}-1)=\frac{22}{27}\sqrt{2}-\frac{2}{27}$。

7. 解：方法 1：因为$\frac{\partial P}{\partial y}=\frac{\partial Q}{\partial x}=\frac{xy\mathrm{e}^{xy}-x^2-\mathrm{e}^{xy}}{x^2y^2}$，所以积分与路径无关，取折线，则：

$$\int_l \frac{x^2+\mathrm{e}^{xy}}{x^2y}\mathrm{d}x+\frac{\mathrm{e}^{xy}-x^2}{xy^2}\mathrm{d}y=\int_5^3 \frac{x^2+\mathrm{e}^{x\cdot\frac{2}{5}}}{x^2\cdot\frac{2}{5}}\mathrm{d}x+\int_{\frac{2}{5}}^{\frac{2}{3}}\frac{\mathrm{e}^{3y}-9}{3y^2}\mathrm{d}y$$

$$=\frac{5}{2}\int_5^3\mathrm{d}x+\frac{5}{2}\int_5^3\frac{\mathrm{e}^{x\cdot\frac{2}{5}}}{x^2\cdot\frac{2}{5}}\mathrm{d}x-3\int_{\frac{2}{5}}^{\frac{2}{3}}\frac{1}{y^2}\mathrm{d}y+\frac{1}{3}\int_{\frac{2}{5}}^{\frac{2}{3}}\frac{\mathrm{e}^{3y}}{y^2}\mathrm{d}y$$

$$=-5+\int_2^6\frac{\mathrm{e}^t}{t^2}\mathrm{d}t-3+\int_{\frac{6}{5}}^{2}\frac{\mathrm{e}^t}{t^2}\mathrm{d}t=-8$$

方法 2：因为$\frac{\partial P}{\partial y}=\frac{\partial Q}{\partial x}=\frac{xy\mathrm{e}^{xy}-x^2-\mathrm{e}^{xy}}{x^2y^2}$，所以积分与路径无关，取路径$L$：$xy=2$

$$\int_L \frac{x^2+\mathrm{e}^{xy}}{x^2y}\mathrm{d}x+\frac{\mathrm{e}^{xy}-x^2}{xy^2}\mathrm{d}y=\int_L\frac{x^2+\mathrm{e}^2}{x\cdot 2}\mathrm{d}x+\frac{\mathrm{e}^2-x^2}{2y}\mathrm{d}y$$

$$=\frac{1}{2}\int_5^3 x\mathrm{d}x+\frac{1}{2}\mathrm{e}^2\int_5^3\frac{1}{x}\mathrm{d}x+\frac{1}{2}\mathrm{e}^2\int_{\frac{2}{5}}^{\frac{2}{3}}\frac{1}{y}\mathrm{d}y-\frac{1}{2}\int_{\frac{2}{5}}^{\frac{2}{3}}\frac{x^2}{y}\mathrm{d}y$$

$$=\frac{1}{4}x^2\Big|_5^3+\frac{1}{2}\mathrm{e}^2\ln x\Big|_5^3+\frac{1}{2}\mathrm{e}^2\ln y\Big|_{\frac{2}{5}}^{\frac{2}{3}}+\frac{1}{4}x^2\Big|_5^3=-8$$

8. 解：令$P=\frac{x-y}{x^2+y^2}$，$Q=\frac{x+y}{x^2+y^2}$，易知：$\frac{\partial Q}{\partial x}=\frac{\partial P}{\partial y}$，当$(x,y)\neq(0,0)$，则有

方法 1：改取上半圆弧AC：$x^2+y^2=1$，$y\geqslant 0$，点$A(-1,0)$至点$C(1,0)$，直线段$\overline{CB}$，$y=0$，$x=1$至$x=3$，则

$$\int_L\frac{(x-y)\mathrm{d}x+(x+y)\mathrm{d}y}{x^2+y^2}=\int_L=\int_{AC}+\int_{\overline{CB}}$$

$$=\int_\pi^0\big((\cos t-\sin t)(-\sin t)+(\cos t+\sin t)\cos t\big)\mathrm{d}t+\int_1^3\frac{\mathrm{d}x}{x}=-\pi+\ln 3$$

方法 2：改取折线：$A(-1,0)\to D(-1,1)\to E(3,1)\to B(3,0)$，那么

$$\int_L=\int_{\overline{AD}}+\int_{\overline{DE}}+\int_{\overline{EB}}=\int_0^1\frac{y-1}{1+y^2}\mathrm{d}y+\int_{-1}^3\frac{x-1}{x^2+1}\mathrm{d}y+\int_1^0\frac{y+3}{9+y^2}\mathrm{d}y$$

$$=\frac{1}{2}\ln(1+y^2)\Big|_0^1-\arctan y\Big|_0^1+\frac{1}{2}\ln(x^2+1)\Big|_{-1}^3-\arctan x\Big|_{-1}^3+\frac{1}{2}\ln(9+y^2)\Big|_1^0+\arctan\frac{y}{3}\Big|_1^0$$

$$=\frac{1}{2}\ln(-\frac{\pi}{4})+\frac{1}{2}\ln 10-\frac{1}{2}\ln 2-\arctan 3-\frac{\pi}{4}+\frac{1}{2}\ln 9-\frac{1}{2}\ln 10-\arctan\frac{1}{3}$$

$$=-\frac{\pi}{4}-\frac{\pi}{4}-(\arctan 3+\arctan\frac{1}{3})+\ln 3=-\pi+\ln 3$$

9. 解：方法 1：添加直线段 $\overline{BA}$，则有

$$\int_L=\int_{L_{AO}}+\int_{L_{OB}}=\int_{L_{OA}\cup\overline{AO}}-\int_{\overline{OA}}+\int_{L_{OB}\cup\overline{BO}}-\int_{\overline{OB}}$$

$$=+\iint_{D_2}(\sin y-3-\sin y)\mathrm{d}\sigma-\int_0^{-\pi}(\mathrm{e}^{-x^2}\sin x-1)\mathrm{d}x-$$

$$\iint_{D_2}(\sin y-3-\sin y)\mathrm{d}\sigma-\int_\pi^0(\mathrm{e}^{-x^2}\sin x-1)\mathrm{d}x$$

$$=0+\int_0^\pi(\mathrm{e}^{-x^2}\sin(-x)-1)\mathrm{d}x-\int_\pi^0(\mathrm{e}^{-x^2}\sin x-1)\mathrm{d}x$$

$$=-\int_0^\pi\mathrm{d}x-\int_0^\pi\mathrm{d}x=-2\pi$$

方法 2：$I=\int_L\mathrm{e}^{-x^2}\sin x\mathrm{d}x-\int_L\cos y\mathrm{d}x+\int_L 3y\mathrm{d}x-\int_L y^4\mathrm{d}y$

$$=\int_{-\pi}^{\pi}\mathrm{e}^{-x^2}\sin x\mathrm{d}x-x\cos y\Big|_{(-\pi,0)}^{(\pi,0)}+\int_{-\pi}^{\pi}3\sin x\mathrm{d}x-\frac{1}{5}y^5\Big|_{y=0}^{y=0}$$

$$=0-(\pi-(-\pi))+0-0=-2\pi$$

10. 方法 1：

$$\int_L\frac{1}{y}(1+y^2f(xy))\mathrm{d}x+\frac{x}{y^2}(y^2f(xy)-1)\mathrm{d}y$$

$$=\int_L\frac{y\mathrm{d}x-x\mathrm{d}y}{y^2}+\int_L f(xy)(y\mathrm{d}x+x\mathrm{d}y)$$

$$=\frac{x}{y}\Big|_{(3,\frac{2}{3})}^{(1,2)}+F(x,y)\Big|_{(3,\frac{2}{3})}^{(1,2)}=\frac{1}{2}-\frac{9}{2}+F(2)-F(2)=-4$$

其中 $F'(u)=f(u)$。

方法 2：AB 的直线方程为：$y=-\frac{2}{3}x+\frac{8}{3}$，代入积分曲线，得

$$\int_L=\int_3^1\Big(\frac{1}{-\frac{2}{3}x+\frac{8}{3}}(1+(-\frac{2}{3}x+\frac{8}{3})^2f(x(-\frac{2}{3}x+\frac{8}{3})))+$$

$$\frac{x}{(-\frac{2}{3}x+\frac{8}{3})^2}((-\frac{2}{3}x+\frac{8}{3})^2f(x(-\frac{2}{3}x+\frac{8}{3}))-1)(-\frac{2}{3})\Big)\mathrm{d}x$$

$$=\int_3^1\Big(\frac{(-\frac{2}{3}x+\frac{8}{3})+\frac{2}{3}x}{(-\frac{2}{3}x+\frac{8}{3})^2}\mathrm{d}x+\int_3^1((-\frac{2}{3}x+\frac{8}{3})-\frac{2}{3}x)f(x(-\frac{2}{3}x+\frac{8}{3}))\mathrm{d}x$$

$$=\frac{4}{-\frac{2}{3}x+\frac{8}{3}}\Big|_3^1+F(x(-\frac{2}{3}x+\frac{8}{3}))\Big|_3^1=-4+0=-4$$

其中 $F'(u)=f(u)$。

11. 解：$\int\limits_L e^{zy}\mathrm{d}S=\int_1^7 x^2\sqrt{1+(\frac{1}{x})^2}\mathrm{d}x=\int_1^7 x\sqrt{1+x^2}\mathrm{d}x=\frac{1}{3}(1+x^2)^{\frac{3}{2}}\Big|_1^7$

$$=\frac{1}{3}(50^{\frac{3}{2}}-2^{\frac{3}{2}})=\frac{124}{3}2^{\frac{3}{2}}=248\sqrt{2}$$

12. 解：$\int_l y\mathrm{d}S=\int_0^\pi r\sin\theta\sqrt{r^2+r'^2}\mathrm{d}\theta=\int_0^\pi a^2(1+\cos\theta)\cdot\sqrt{2+2\cos\theta}\mathrm{d}\theta$

$$=-a^2\sqrt{2}\int_0^\pi(1+\cos\theta)^{\frac{3}{2}}\mathrm{d}(1+\cos\theta)=-\frac{2\sqrt{2}}{5}a^2(1+\cos\theta)^{\frac{5}{2}}\Big|_0^\pi=\frac{16}{5}a^2$$

13. 解：$I=\int_l(yu(x,y)+xyu'_x(x,y))\mathrm{d}x+(xu(x,y)+xyu'_y(x,y))\mathrm{d}y+$

$$\int_l(y+\sin x)\mathrm{d}x+(\mathrm{e}^{y^2}-x)\mathrm{d}y$$

$$=xyu(x,y)\Big|_{(0,0)}^{(\pi,0)}+\int_{l+\overline{AO}}(y+\sin x)\mathrm{d}x+(\mathrm{e}^{y^2}-x)\mathrm{d}y-\int_{\overline{AO}}(y+\sin x)\mathrm{d}x+(\mathrm{e}^{y^2}-x)\mathrm{d}y$$

把$l+\overline{AO}$围成的有界闭区域为D，于是对上述第二个积分用格林公式：

$$I=0-\iint\limits_D(-1-1)\mathrm{d}\sigma-\int_\pi^0\sin x\mathrm{d}x=2\int_0^\pi\mathrm{d}x\int_0^{\sin x}\mathrm{d}y+\int_0^\pi\sin x\mathrm{d}x=3\int_0^\pi\sin x\mathrm{d}x=6$$

14. 解：方法 1（参数法）：设：$x=\cos t$，$y=\sin t$，$z=-\cos t-\sin t$，从$t=0$到$t=2\pi$。

$$I=\oint\limits_L y\mathrm{d}x+2z\mathrm{d}y+3x\mathrm{d}z$$

$$=\int_0^{2\pi}(-\sin^2 t-2(\cos t+\sin t)\cos t+3\cos t(\sin t-\cos t))\mathrm{d}t$$

$$=\int_0^{2\pi}(-\sin^2 t-5\cos^2 t+\sin t\cos t)\mathrm{d}t=-6\pi$$

方法 2：由斯托克斯公式，取S为平面$x+y+z=0$上L围成的平面片，指向与L的指向构成右手法则，于是，有：

$$I=\oint\limits_L y\mathrm{d}x+2z\mathrm{d}y+3x\mathrm{d}z=\iint\limits_S\begin{vmatrix}\mathrm{d}y\mathrm{d}z & \mathrm{d}z\mathrm{d}x & \mathrm{d}x\mathrm{d}y\\ \frac{\partial}{\partial x} & \frac{\partial}{\partial y} & \frac{\partial}{\partial z}\\ y & 2z & 3x\end{vmatrix}$$

$$=\iint\limits_S(-2)\mathrm{d}y\mathrm{d}z+(-3)\mathrm{d}z\mathrm{d}x+(-1)\mathrm{d}x\mathrm{d}y$$

$$=-\frac{6}{\sqrt{3}}\iint\limits_S\mathrm{d}S=-\frac{6}{\sqrt{3}}\iint\limits_D\sqrt{1+(\frac{\partial z}{\partial x})^2+(\frac{\partial z}{\partial y})^2}\mathrm{d}\sigma=-6\iint\limits_D\mathrm{d}\sigma$$

$$=-6\pi$$

其中$D=\{(x,y)\big|x^2+y^2\leqslant 1\}$。

15.（1）用反证法：设在点$M(x_0,y_0)\in D$处$\frac{\partial Q}{\partial x}-\frac{\partial P}{\partial y}\neq 0$，例如：$\frac{\partial Q}{\partial x}-\frac{\partial P}{\partial y}>0$，由$\frac{\partial Q}{\partial x}$与$\frac{\partial P}{\partial y}$的连续性可知，存在$\delta>0$，当$(x,y)\in U_\delta(x_0,y_0)$闭区域时，仍有$\frac{\partial Q}{\partial x}-\frac{\partial P}{\partial y}>0$，取圆

周 $(x-x_0)^2+(y-y_0)^2=\delta^2$，正向一周 l，记：$D=\{(x,y)|(x-x_0)^2+(y-y_0)^2\leqslant\delta^2\}$，由格林公式，有：$\oint_l P(x,y)\mathrm{d}x+\theta(x,y)\mathrm{d}y=\iint_D(\frac{\partial Q}{\partial x}-\frac{\partial P}{\partial y})\mathrm{d}\sigma>0$，与题设矛盾，证毕。

（2）取 l：$x^2+y^2=\delta^2$，$\delta>0$，正向一周，将 l 写成参数形式：$x=\delta\cos t$，$y=\delta\sin t$，t 从0到 2π，$\oint_l\frac{y\mathrm{d}x-x\mathrm{d}y}{x^2+y^2}=\frac{1}{\delta^2}\int_0^{2\pi}\delta^2(-\sin^2 t-\cos^2 t)\mathrm{d}t=-2\pi\neq 0$。

方法（1）中的下述 2 种证法是正确的。

①设同（1），$0=\oint_{l_1}P\mathrm{d}x+Q\mathrm{d}y=\iint_{D_1}(\frac{\partial Q}{\partial x}-\frac{\partial P}{\partial y})\mathrm{d}\sigma=(\frac{\partial Q}{\partial x}-\frac{\partial P}{\partial y})_{(\xi,\eta)}\pi\delta^2$，则

$$0=\lim_{\delta\to 0}\frac{\iint_{D_1}(\frac{\partial Q}{\partial x}-\frac{\partial P}{\partial y})\mathrm{d}\sigma}{\pi\delta^2}=\lim_{\delta\to 0}(\frac{\partial Q}{\partial x}-\frac{\partial P}{\partial y})_{(\xi,\eta)}=(\frac{\partial Q}{\partial x}-\frac{\partial P}{\partial y})_{(x_0,y_0)}$$

所以，当 $(x,y)\in D$，$\frac{\partial Q}{\partial x}-\frac{\partial P}{\partial y}\equiv 0$。

②设同上，由①可得存在某点 $(\xi,\eta)\in D_1$，$(\frac{\partial Q}{\partial x}-\frac{\partial P}{\partial y})_{(\xi,\eta)}=0$，如果 $(\frac{\partial Q}{\partial x}-\frac{\partial P}{\partial y})_{(x,y)}\neq 0$，（例如 >0），则由保号性及连续性可知，当 $\delta>0$ 足够小时，当 $(x,y)\in D_1$ 时，与 $(\frac{\partial Q}{\partial x}-\frac{\partial P}{\partial y})>0$ 矛盾，当 $(x,y)\in D_1$ 时，与 $(\frac{\partial Q}{\partial x}-\frac{\partial P}{\partial y})_{(x,y)}>0$ 矛盾，所以 $(\frac{\partial Q}{\partial x}-\frac{\partial P}{\partial y})_{(x_0,y_0)}=0$，因为点 (x_0,y_0) 为 D 内任意一点，所以当 $(x,y)\in D$ 时，$\frac{\partial Q}{\partial x}-\frac{\partial P}{\partial y}\equiv 0$。

16. 解：方法 1：用直角坐标，取上半圆周 $y=\sqrt{2x-x^2}$，则有

$$\frac{\mathrm{d}y}{\mathrm{d}x}=\frac{1-x}{\sqrt{2x-x^2}}，\quad \mathrm{d}l=\frac{1}{\sqrt{2x-x^2}}\mathrm{d}x$$

$$I=2\int_0^2\sqrt{2}x\cdot\frac{1}{\sqrt{2x-x^2}}\mathrm{d}x=2\sqrt{2}\int_0^2\frac{\mathrm{d}x}{\sqrt{2-x}}=8$$

方法 2：参数法：$x=1+\cos t$，$y=\sin t$，t 从0到 2π，$\mathrm{d}l=\mathrm{d}t$，则有

$$I=\int_0^{2\pi}\sqrt{2(1+\cos t)}\mathrm{d}t=2\int_0^{2\pi}\left|\cos\frac{t}{2}\right|\mathrm{d}t=4\int_0^{\pi}\cos\frac{t}{2}\mathrm{d}t=8$$

方法 3：极坐标法：l：$r=2\cos\theta$，θ 从 $-\frac{\pi}{2}$ 到 $\frac{\pi}{2}$，则有

$$I=\int_{-\frac{\pi}{2}}^{\frac{\pi}{2}}r\sqrt{(-\sin\theta)^2+(2\cos\theta)^2}\mathrm{d}\theta=4\int_0^{\frac{\pi}{2}}2\cos\theta\mathrm{d}\theta=8$$

17. 解：由格林公式：$I=\iint_D y^2\mathrm{d}\sigma=\int_1^{-1}\mathrm{d}x\int_{-1}^{1}y^2\mathrm{d}y=\frac{4}{3}$。

18. 解：$I=\int_l(5x^2y^3+x-4)\mathrm{d}x-(3x^5+\sin y)\mathrm{d}y$

方法 1：加减弧段格林公式法，添加 $\overline{BA}$，则有

$$I=\int_{l\cup\overline{BA}}-\int_{\overline{BA}}=-\iint_D(-15x^4-15x^2y^2)\mathrm{d}\sigma-\int_1^{-1}(x-4)\mathrm{d}x$$
$$=15\iint_D x^2(x^2+y^2)\mathrm{d}\sigma+\int_{-1}^1(x-4)\mathrm{d}x$$
$$=15\int_0^{\pi}\mathrm{d}\theta\int_0^1 r^5\cos^2\theta\mathrm{d}r-8=\frac{5}{4}\pi-8$$

方法 2：直接利用直角坐标计算，将 $y=\sqrt{1-x^2}$ 代入，则有

$$I=\int_{-1}^1(5x^2(1-x^2)^{3/2}+x-4-(3x^5+\sin(\sqrt{1-x^2})(-\frac{x}{\sqrt{1-x^2}}))\mathrm{d}x$$
$$=2\int_0^1(5x^2(1-x^2)^{3/2}-4+\frac{3x^6}{\sqrt{1-x^2}})\mathrm{d}x$$
$$=2\int_0^{\frac{\pi}{2}}(5\sin^2 t\cos^4 t+3\sin^6 t)\mathrm{d}t-8=\frac{5}{4}\pi-8$$

方法 3：用参数式计算：$x=\cos t$，$y=\sin t$，t 从 π 到 0，则有

$$I=\int_{\pi}^0(-5\cos^2 t\sin^4 t-\cos t\sin t+4\sin t-3\cos^6 t-\sin(\sin t)\cdot\cos t)\mathrm{d}t$$
$$=10\int_0^{\frac{\pi}{2}}\cos^2 t\sin^4 t\mathrm{d}t-8+6\int_0^{\frac{\pi}{2}}\cos^6 t\mathrm{d}t=\frac{5}{4}\pi-8.$$

19. $I=\int_l-\frac{y}{x^2}(\frac{y}{x})\mathrm{d}x+\frac{1}{x}f(\frac{y}{x})\mathrm{d}y+\int_l\frac{1}{x}\mathrm{d}y=\int_l f(\frac{y}{x})\mathrm{d}(\frac{y}{x})+\int_l\frac{1}{x}\mathrm{d}y$

因为 $f(u)$ 连续，所以存在原函数，记其中之一为 $F(u)$，则有

$$\int_l f(\frac{y}{x})\mathrm{d}(\frac{y}{x})=F(u)\Big|_{(1,1)}^{(2,2)}=F(1)-F(1)=0$$
$$\int_l\frac{1}{x}\mathrm{d}y=\int_1^2\frac{2x-2}{x}\mathrm{d}x=\int_1^2(2-\frac{2}{x})\mathrm{d}x=2-2\ln 2=2(1-\ln 2)$$

所以 $I=\int_l-\frac{y}{x^2}f(\frac{y}{x})\mathrm{d}x+\frac{1}{x}(f(\frac{y}{x})+1)\mathrm{d}y=2(1-\ln 2)$。

20. 解：易知：$\frac{\partial Q}{\partial x}=\frac{\partial}{\partial x}(\frac{2xy}{2x^2+y^4})$，$\frac{\partial P}{\partial y}=\frac{\partial}{\partial y}(-\frac{y^2}{2x^2+y^4})$，当 $(x,y)\neq(0,0)$ 时，有 $\frac{\partial Q}{\partial x}=\frac{\partial P}{\partial y}$。

（1）若 l 不围绕点 O，$\oint_l\frac{-y^2\mathrm{d}x+2xy\mathrm{d}y}{2x^2+y^4}=0$；

（2）取一条 l_1：$x=\cos t$，$y=\sin t$，t 从 0 到 2π（或 $-\pi$ 到 π），则有

$$\oint_l\frac{-y^2\mathrm{d}x+2xy\mathrm{d}y}{2x^2+y^4}=\oint_{l_1}\frac{-y^2\mathrm{d}x+2xy\mathrm{d}y}{2x^2+y^4}=\int_{-\pi}^{\pi}\frac{\sin^3 t+2\cos^2 t\cdot\sin t}{2\cos^2 t+\sin^4 t}\mathrm{d}t=0$$

其中，被积函数 $f(t)=\frac{\sin^3 t+2\cos^2 t\cdot\sin t}{2\cos^2 t+\sin^4 t}$ 为奇函数。

21. 解：$\int_l\left|\sin\frac{\theta}{2}\right|\mathrm{d}l = 2\int_0^{\pi}\sin\frac{\theta}{2}\cdot\sqrt{r^2+r'^2}\mathrm{d}\theta = 2a\int_0^{\pi}\sin\frac{\theta}{2}\cdot\sqrt{2+2\cos\theta}\mathrm{d}\theta$

$$= 4a\int_0^{\pi}\sin\frac{\theta}{2}\cdot\cos\frac{\theta}{2}\mathrm{d}\theta = 2a\int_0^{\pi}\sin\theta\mathrm{d}\theta = 4a$$

22. L 的参数式：$x=x$，$y=-2x+1$，$z=3x-5$，$\mathrm{d}l=\sqrt{1+4+9}\mathrm{d}x=\sqrt{14}\mathrm{d}x$，则

$$\int_L(x+y+z)\mathrm{d}x=\int_{-2}^{0}(2x-4)\sqrt{14}\mathrm{d}x=\sqrt{14}(x-2)^2\Big|_{-2}^{0}=\sqrt{14}(4-16)=-12\sqrt{14}$$

23. 解：因为 $\frac{\partial}{\partial y}(ay^2-2xy)=2ay-2x$，$\frac{\partial}{\partial x}(by^2+2xy)=2by+2y$

由 $2ay-2x\equiv 2by+2y$，得 $a=1$，$b=-1$，取 $a=1$，$b=-1$。则

$$\begin{aligned}(ay^2-2xy)\mathrm{d}x+(by^2+2xy)\mathrm{d}y&=(y^2-2xy)\mathrm{d}x+(-x^2+2xy)\mathrm{d}y\\&=y^2\mathrm{d}x+2xy\mathrm{d}y-(2xy\mathrm{d}y+x^2\mathrm{d}y)\\&=\mathrm{d}(xy^2)-\mathrm{d}(x^2y)=\mathrm{d}(xy^2-x^2y)\end{aligned}$$

所以 $u(x,y)=xy^2-x^2y+C$，由 $u(1,1)=1-1+C=2$，得 $C=2$，则

$$u(x,y)=xy^2-x^2y+2$$

24. 解：设 $P=\frac{x-y}{x^2+y^2}$，$Q=\frac{x+y}{x^2+y^2}$，有 $\frac{\partial Q}{\partial x}\equiv\frac{\partial P}{\partial y}$，当 $(x,y)\neq(0,0)$。改取 $l_1\cup l_2$，l_1：$\begin{cases}x=\cos t\\y=\sin t\end{cases}$，$t$ 从 π 到 0，l_2：$y=0$，x 从 1 到 3，则

$$\begin{aligned}\int_l\frac{(x-y)\mathrm{d}x+(x+y)\mathrm{d}y}{x^2+y^2}&=\int_{\pi}^{0}((\cos t-\sin t)(-\sin t)+(\cos t+\sin t)\cos t)\mathrm{d}t+\int_1^3\frac{x\mathrm{d}x}{x^2}\\&=-\pi+\ln 3\end{aligned}$$

25. 解：设 $P=\frac{x-y-z}{(x^2+y^2+z^2)^{3/2}}$，$Q=\frac{y-z+x}{(x^2+y^2+z^2)^{3/2}}$，$R=\frac{z-x+y}{(x^2+y^2+z^2)^{3/2}}$，

有 $\frac{\partial P}{\partial x}+\frac{\partial Q}{\partial y}+\frac{\partial R}{\partial z}\equiv 0$（当 $(x,y,z)\neq(0,0,0)$），取 S_1：$x^2+y^2+z^2=1$ 的外侧，则

$$\begin{aligned}I&=\iint_S\frac{(x-y-z)\mathrm{d}y\mathrm{d}z+(y-z+x)\mathrm{d}z\mathrm{d}x+(z-x+y)\mathrm{d}x\mathrm{d}y}{(x^2+y^2+z^2)^{3/2}}\\&=\iint_{S_1}(x-y-z)\mathrm{d}y\mathrm{d}z+(y-z+x)\mathrm{d}z\mathrm{d}x+(z-x+y)\mathrm{d}x\mathrm{d}y\\&=\iiint_{\Omega}3\mathrm{d}V=3\times\frac{4}{3}\pi=4\pi\end{aligned}$$

其中 $\Omega=\{(x,y,z)\,|\,x^2+y^2+z^2\leqslant 1\}$。

26. 解：取 L 在 xOy 平面上部分，记为：L_1：$x=\cos t, y=\sin t, z=0, t$ 从 $\frac{\pi}{2}$ 到 0，则

$$\int_{L_1}(y^2-z^2)\mathrm{d}x+(z^2-x^2)\mathrm{d}y+(x^2-y^2)\mathrm{d}z=\int_{L_1}y^2\mathrm{d}x-x^2\mathrm{d}y$$

$$=\int_{\frac{\pi}{2}}^{0}(\sin^2 t\cdot(-\sin t)-\cos^2 t\cdot\cos t)\mathrm{d}t=\int_0^{\frac{\pi}{2}}(\sin^3 t+\cos^3 t)\mathrm{d}t=\frac{2}{3}+\frac{2}{3}=\frac{4}{3}$$

所以，$\oint_L (y^2-z^2)\mathrm{d}x+(z^2-x^2)\mathrm{d}y+(x^2-y^2)\mathrm{d}z=3\times\frac{4}{3}=4$ 。

本题也可用斯托克斯公式，如下：取 S 为球面 $x^2+y^2+z^2=1$ 在第一象限部分，法向量指向球心，于是，$\oint_L=-2\iint_S (y+z)\mathrm{d}y\mathrm{d}z+(x+z)\mathrm{d}z\mathrm{d}x+(x+y)\mathrm{d}x\mathrm{d}y$ ，以计算 $\iint_S (x+y)\mathrm{d}x\mathrm{d}y$ 为例，则

$$\iint_S (x+y)\mathrm{d}x\mathrm{d}y=-\iint_D (x+y)\mathrm{d}\sigma$$

$$=-\int_0^{\frac{\pi}{2}}\mathrm{d}\theta\int_0^1 r^2(\cos\theta+\sin\theta)\mathrm{d}r=-\frac{2}{3}$$

所以，$\oint_L (y^2-z^2)\mathrm{d}x+(z^2-x^2)\mathrm{d}y+(x^2-y^2)\mathrm{d}z=-2(-\frac{2}{3}-\frac{2}{3}-\frac{2}{3})=4$ 。

27. 解：$y'(x)=\sqrt{3+x^4}$ ，$\mathrm{d}l=\sqrt{1+y'^2(x)}\mathrm{d}x=\sqrt{4+x^4}\mathrm{d}x$ ，因为 $y(x)=\int_0^x\sqrt{1+t^4}\mathrm{d}t$ 为 x 的奇函数，所以 $\int_l y\mathrm{d}l=\int_{-1}^1 y(x)\sqrt{4+x^4}\mathrm{d}x=0$ 。因为

$$\int_l |x|^3\mathrm{d}l=2\int_0^1 x^3\sqrt{4+x^4}\mathrm{d}x=\frac{1}{3}(4+x^4)^{\frac{3}{2}}\Big|_0^1=\frac{1}{3}(5^{\frac{3}{2}}-8)$$

所以 $\int_l (y+|x|^3)\mathrm{d}l=\frac{1}{3}(5^{\frac{3}{2}}-8)$ 。

28. 解：记：$D=\{(x,y)\big|4x^2+y^2\leqslant 8x\}$ ，由格林公式，则有

$$\oint_l \mathrm{e}^{y^2}\mathrm{d}x+(x+y^2)\mathrm{d}y=\iint_D (1-2y\mathrm{e}^{y^2})\mathrm{d}\sigma$$

因为 $2y\mathrm{e}^{y^2}$ 为 y 的奇函数，所以 $\iint_D 2y\mathrm{e}^{y^2}\mathrm{d}\sigma=0$ 。

$\iint_D (1-2y\mathrm{e}^{y^2})\mathrm{d}\sigma=\iint_D \mathrm{d}\sigma=D$ 的面积是 $4x^2+y^2-8x=4(x-1)^2+y^2-4=0$ 。

$\frac{(x-1)^2}{1}+\frac{y^2}{4}=1$ 是一个椭圆，长、短半轴分别为 2 及 1 ，所以 D 的面积等于 2π ，即 $\oint_l \mathrm{e}^{y^2}\mathrm{d}x+(x+y^2)\mathrm{d}y=2\pi$ 。

29. 解：$P=\frac{x+2y}{x^2+4y^2}$ ，$Q=\frac{4y-2x}{x^2+4y^2}$ ，$\frac{\partial Q}{\partial x}=\frac{2x^2-8y^2-8xy}{(x^2+4y^2)^2}$ ，$\frac{\partial P}{\partial x}=\frac{2x^2-8y^2-8xy}{(x^2+4y^2)^2}$ ，所以在不包含点 $O(0,0)$ 在其内的单连通曲面区域 D 内，该曲线积分与路径无关，取椭圆 l_1 ：$x^2+4y^2=(\frac{\pi}{2})^2$ ，$y\geqslant 0$ ，或写成参数方程：$x=\frac{\pi}{2}\cos t$ ，$y=\frac{\pi}{4}\sin t$ ，从 $t=\pi$ 到 $t=0$ ，于是，有：

$$\int_l \frac{(x+2y)\mathrm{d}x+(4y-2x)\mathrm{d}y}{x^2+4y^2}$$

$$=\frac{4}{\pi^2}\int_\pi^0((\frac{\pi}{2}\cos t+\frac{\pi}{2}\sin t)(-\frac{\pi}{2}\sin t)+(\pi\sin t-\pi\cos t)\frac{\pi}{4}\cos t)\mathrm{d}t=\int_\pi^0(-1)\mathrm{d}t=\pi$$

30. 解：添加直线段$\overline{BA}$，$AB\cup\overline{BA}$构成正向封闭曲线，记为l_1，l_1围成的半圆区域记为D，则有

$$\int_l=\int_{l\cup\overline{BA}}-\int_{\overline{BA}}=\iint_D(\pi\varphi'(y)\cos\pi x-\pi\varphi'(y)\cos\pi x-\pi)\mathrm{d}\sigma-$$

$$\int_3^1(\pi\varphi(y)\cos\pi x-\pi x+\pi\varphi'(y)\sin\pi x-\pi)\mathrm{d}x$$

$$=-\pi\cdot\frac{\pi}{2}(\sqrt{2})^2+\int_1^3(\pi\varphi(x)\cos\pi x+\varphi'(x)\sin\pi x)\mathrm{d}x-\int_1^3(\pi x+\pi)\mathrm{d}x$$

$$=-\pi^2+(\varphi(x)\sin\pi x)\Big|_1^3-(\frac{\pi}{2}x^2+\pi x)\Big|_1^3$$

$$=-\pi^2-(\frac{9}{2}\pi+3\pi-\frac{\pi}{2}-\pi)=-\pi^2-6\pi.$$

31. 解：（1）由与路径无关定理可知：

$$\frac{\partial}{\partial y}(xy(x+y))-f(x))\equiv\frac{\partial}{\partial x}(f'(x)+x^2y)$$

$$f''(x)=x^2,\quad f(x)=\frac{1}{12}x^4+c_1x+c_2$$

再由$f(0)=0$，$f'(0)=1$，有$f(x)=\dfrac{x^4}{12}+x$。

（2）取$(0,0)\to(x,0)\to(x,y)$的折线，则有

$$\int_{(0,0)}^{(x,y)}=-\int_0^x(\frac{x^4}{12}+x)\mathrm{d}x+\int_0^y(\frac{1}{3}x^3+1+x^2y)\mathrm{d}y$$

$$=-\frac{1}{60}x^5-\frac{1}{2}x^2+\frac{1}{3}x^3y+y+\frac{1}{2}x^2y^2$$

32. 解：方法 1：用参数式计算：

L：$x=\cos t$，$y=\sin t$，$z=2-x+y=2-\cos t+\sin t$，则有

$$\oint_L=\int_0^{2\pi}((2-\cos t+\sin t-\sin t)(-\sin t)+(\cos t-2+\cos t-\sin t)\cos t+$$

$$(\cos t-\sin t)(\sin t+\cos t))\mathrm{d}t$$

$$=\int_0^{2\pi}(-2\sin t+\cos t\sin t+2\cos^2 t-2\cos t-\sin t\cos t-\sin^2 t+\cos^2 t)\mathrm{d}t$$

$$=0+0+2\cdot4\cdot\frac{1}{2}\cdot\frac{\pi}{2}-0-0-4\cdot\frac{1}{2}\cdot\frac{\pi}{2}+4\cdot\frac{1}{2}\cdot\frac{\pi}{2}=2\pi$$

方法 2：用斯托克斯公式，取在L上的曲面为S：$x-y+z=2$，$x^2+y^2\leqslant1$，向上，则有

$$\oint_L (z-y)\mathrm{d}x+(x-z)\mathrm{d}y+(x-y)\mathrm{d}z=\iint_S \begin{vmatrix} \mathrm{d}y\mathrm{d}z & \mathrm{d}z\mathrm{d}x & \mathrm{d}x\mathrm{d}y \\ \dfrac{\partial}{\partial x} & \dfrac{\partial}{\partial y} & \dfrac{\partial}{\partial z} \\ z-x & x-z & x-y \end{vmatrix}$$

$$=\iint_S 2\mathrm{d}x\mathrm{d}y=2\iint_{x^2+y^2\le 1}\mathrm{d}x\mathrm{d}y=2\pi$$

$$\frac{\partial}{\partial x}(\frac{x+y}{x^2+y^2})=\frac{x^2+y^2-2x(x+y)}{(x^2+y^2)^2}=\frac{-x^2+y^2-2xy}{(x^2+y^2)^2}$$

33. $\dfrac{\partial}{\partial x}(\dfrac{x+y}{x^2+y^2})=\dfrac{-(x^2+y^2)-2y(x-y)}{(x^2+y^2)^2}=\dfrac{-x^2+y^2-2xy}{(x^2+y^2)^2}$

$\dfrac{\partial}{\partial x}(\dfrac{x+y}{x^2+y^2})=\dfrac{\partial}{\partial y}(\dfrac{x-y}{x^2+y^2})$，当$(x,y)\ne(0,0)$时，所以在不包含原点$O(0,0)$的单连通曲面区域$D$内该曲线积分与路径无关，下面有三种方法：

方法 1：取圆圈：

l_1：$x=\sqrt{2}\pi\cos t$，$y=\sqrt{2}\pi\sin t$，t从$-\dfrac{\pi}{4}$到$\dfrac{5\pi}{4}$，则有

$$\oint_L \frac{(x-y)\mathrm{d}x+(x+y)\mathrm{d}y}{x^2+y^2}=\oint_{L_1}\frac{(x-y)\mathrm{d}x+(x+y)\mathrm{d}y}{x^2+y^2}=\int_{-\frac{\pi}{4}}^{\frac{5\pi}{4}}1\mathrm{d}t=\frac{3}{2}\pi$$

方法 2：取折线：

当$x=\pi$时，y从$y=-\pi$到$y=\pi$；当$y=\pi$，x从$x=\pi$到$x=-\pi$；当$x=-\pi$，y从$y=\pi$到$y=-\pi$，于是有

$$\oint_L \frac{(x-y)\mathrm{d}x+(x+y)\mathrm{d}y}{x^2+y^2}=\int_{-\pi}^{\pi}\frac{(\pi+y)\mathrm{d}y}{\pi^2+y^2}+\int_{-\pi}^{\pi}\frac{(x-\pi)\mathrm{d}y}{\pi^2+x^2}+\int_{-\pi}^{\pi}\frac{(-\pi+y)\mathrm{d}y}{\pi^2+y^2}$$

$$=6\pi\int_0^{\pi}\frac{\mathrm{d}x}{\pi^2+x^2}=\frac{3}{2}\pi$$

方法 3：取l_2：$x=\sqrt{2}\pi\cos t$，$y=\sqrt{2}\pi\sin t$，t从$\dfrac{5\pi}{4}$到$-\dfrac{\pi}{4}$，l_3：$x=\cos t$，$y=\sin t$，t从0到2π，由定理可知：$\int_l=\int_{l_3}-\int_{l_2}$，则有

$$\int_{l_3}=\int_0^{2\pi}\big((\cos t-\sin t)(-\sin t)+(\cos t+\sin t)\cos t\big)\mathrm{d}t=2\pi$$

$$\int_{l_2}=\int_{\frac{5\pi}{4}}^{\frac{7\pi}{4}}\mathrm{d}t=\frac{\pi}{2}，\int_l=\frac{3\pi}{2}$$

34. 解：方法 1：$\int_l(\mathrm{e}^x\cos y+2(x+y))\mathrm{d}x+(-\mathrm{e}^x\sin y+\dfrac{3}{2}x)\mathrm{d}y$

$$=\int_l \mathrm{e}^x\cos y\mathrm{d}x-\mathrm{e}^x\sin y\mathrm{d}y+\int_l 2x\mathrm{d}x+\int_l 2y\mathrm{d}x+2x\mathrm{d}y-\frac{1}{2}\int_l x\mathrm{d}y$$

$$=\int_l \mathrm{d}(\mathrm{e}^x\cos y)+\int_l \mathrm{d}x^2+2\int_l \mathrm{d}(xy)-\frac{1}{2}\int_l x\mathrm{d}y$$

$$=\mathrm{e}^x\cos y\Big|_{(0,0)}^{(\pi,0)}+x^2\Big|_{(0,0)}^{(\pi,0)}+2xy\Big|_{(0,0)}^{(\pi,0)}-\frac{1}{2}\int_l x\mathrm{d}y$$

$$=\mathrm{e}^\pi-1+\pi^2+0-\frac{1}{2}\int_l x\mathrm{d}y$$

其中$\frac{1}{2}\int_l x\mathrm{d}y$有两种计算方法如下：

（1）补一水平面线段$\overline{BA}$，即$y=0$从$x=\pi$到$x=0$，再利用格林公式：

$$\frac{1}{2}\int_l x\mathrm{d}y=\frac{1}{2}\int_l x\mathrm{d}y+\frac{1}{2}\int_{\overline{BA}}x\mathrm{d}y-\frac{1}{2}\int_{\overline{BA}}x\mathrm{d}y=-\frac{1}{2}\iint_D 1\mathrm{d}\sigma-0=-\frac{1}{2}\int_0^\pi \mathrm{d}x\int_0^{\sin x}\mathrm{d}y=-1$$

所以原积分$=\mathrm{e}^\pi+\pi^2$。

（2）由分部积分：则有

$$\frac{1}{2}\int_l x\mathrm{d}y=\frac{1}{2}\int_0^\pi x\mathrm{d}\sin x=\frac{1}{2}(x\sin x\Big|_0^\pi-\int_0^\pi \sin x\mathrm{d}x)=\frac{1}{2}(0+\cos x\Big|_0^\pi)=-1$$

所以原积分$=\mathrm{e}^\pi+\pi^2$。

方法 2：补一水平面线段$\overline{BA}$，即$y=0$从$x=\pi$到$x=0$，再利用格林公式：

$$\int_l(\mathrm{e}^x\cos y+2(x+y))\mathrm{d}x+(-\mathrm{e}^x\sin y+\frac{3}{2}x)\mathrm{d}y=\int_l=\int_{\overline{BA}}-\int_{\overline{BA}}$$

$$=-\iint_D(-\mathrm{e}^x\sin y+\frac{3}{2}+\mathrm{e}^x\sin y-z)\mathrm{d}\sigma-\int_\pi^0(\mathrm{e}^x+2x)\mathrm{d}x$$

$$=\frac{1}{2}\iint_D\mathrm{d}\sigma+\int_0^\pi(\mathrm{e}^x+2x)\mathrm{d}x=1+(\mathrm{e}^x+x^2)\Big|_0^\pi=\mathrm{e}^\pi+\pi^2$$

35. 解：设闭曲线L所围区域为D，在闭曲线L上，$|x|+|y|=1$，则有

$$\oint_L\frac{(x-y)\mathrm{d}x+(x+y)\mathrm{d}y}{|x|+|y|}=\oint_L(x-y)\mathrm{d}x+(x+y)\mathrm{d}y=\iint_D 2\mathrm{d}x\mathrm{d}y=2\times 2=4$$

36. 解：$P=\frac{-y}{4x^2+y^2}$，$Q=\frac{x}{4x^2+y^2}$，$\frac{\partial P}{\partial y}=\frac{y^2-4x^2}{(4x^2+y^2)^2}$，$\frac{\partial Q}{\partial x}=\frac{y^2-4x^2}{(4x^2+y^2)^2}$，

$\frac{\partial P}{\partial y}=\frac{\partial Q}{\partial x}$，积分与路径无关。

方法 1：添加直线$\overline{CA}$： $x=-1$，y：$2\to 0$则$L\cup\overline{CA}$为闭曲线，逆时针方向，记：L $4x^2+y^2=\varepsilon^2(\varepsilon>0)$，$L$所围区域为$D_0$，$D_0=\{(x,y)|4x^2+y^2\leqslant\varepsilon^2\}$，则有

$$\int_L\frac{x\mathrm{d}y-y\mathrm{d}x}{4x^2+y^2}=\oint_{L+\overline{CA}}\frac{x\mathrm{d}y-y\mathrm{d}x}{4x^2+y^2}-\oint_{\overline{CA}}\frac{x\mathrm{d}y-y\mathrm{d}x}{4x^2+y^2}=\oint_L\frac{x\mathrm{d}y-y\mathrm{d}x}{4x^2+y^2}-\int_2^0\frac{-\mathrm{d}y}{4+y^2}$$

$$=\oint_L\frac{x\mathrm{d}y-y\mathrm{d}x}{\varepsilon^2}-\int_0^2\frac{\mathrm{d}y}{4+y^2}=\frac{1}{\varepsilon^2}\iint_D 2\mathrm{d}x\mathrm{d}y-\frac{1}{2}\arctan\frac{y}{2}\Big|_0^2$$

$$=\frac{2}{\varepsilon^2}\pi\frac{1}{2}\cdot\varepsilon^2-\frac{1}{2}\arctan 1=\frac{7}{8}\pi$$

方法 2：$\overline{AE}$：$x=-1$，y：$0\to -1$，$\overline{EF}$：$y=-1$，x：$-1\to 1$，$\overline{FD}$：$x=1$，y：$-1\to 2$，

$\overline{AE}$：$y=2$，x：$1\to -1$。

$$\int_L \frac{x\mathrm{d}y-y\mathrm{d}x}{4x^2+y^2}=\oint_{\overline{AE}}\frac{x\mathrm{d}y-y\mathrm{d}x}{4x^2+y^2}+\oint_{\overline{EF}}\frac{x\mathrm{d}y-y\mathrm{d}x}{4x^2+y^2}+\oint_{\overline{FD}}\frac{x\mathrm{d}y-y\mathrm{d}x}{4x^2+y^2}+\oint_{\overline{DC}}\frac{x\mathrm{d}y-y\mathrm{d}x}{4x^2+y^2}$$

$$=\int_0^{-1}\frac{-\mathrm{d}y}{4+y^2}+\int_{-1}^{1}\frac{-\mathrm{d}x}{4x^2+1}+\int_{-1}^{2}\frac{\mathrm{d}y}{4+y^2}+\int_1^{-1}\frac{-2\mathrm{d}x}{4+4x^2}$$

$$=\frac{1}{2}\arctan\frac{1}{2}+\arctan 2+(\frac{\pi}{8}+\frac{1}{2}\arctan\frac{1}{2})+\frac{\pi}{4}$$

$$=\arctan\frac{1}{2}+\arctan 2+\frac{3\pi}{8}=\frac{7\pi}{8}$$

37. 解：曲面 $x^2+y^2=3z$ 与 $z=6-\sqrt{x^2+y^2}$ 的交线为 $\begin{cases}x^2+y^2=0\\ z=3\end{cases}$，所以上半部分（锥面）的表面积为：

$$S_1=\iint\limits_{x^2+y^2\leqslant 9}\sqrt{1+(\frac{-x}{\sqrt{x^2+y^2}})^2+(\frac{-y}{\sqrt{x^2+y^2}})^2}\mathrm{d}x\mathrm{d}y=\sqrt{2}\iint\limits_{x^2+y^2\leqslant 9}\mathrm{d}x\mathrm{d}y=9\sqrt{2}\pi$$

下半部分（抛物面）的表面积为：

$$S_2=\iint\limits_{x^2+y^2\leqslant 9}\sqrt{1+(\frac{2}{3}x)^2+(\frac{2}{3}y)^2}\mathrm{d}x\mathrm{d}y=\int_0^{2\pi}\mathrm{d}\theta\int_0^3\sqrt{1+\frac{4}{9}r^2}\cdot r\mathrm{d}r=\frac{3\pi}{2}(5\sqrt{5}-1)$$

所以，所求全表面积为：$S_1+S_2=\dfrac{3\pi}{2}(6\sqrt{2}+5\sqrt{5}-1)$。

38. 解：添加曲面片：S_1：$z=1$，$x^2+y^2\leqslant 1$，则有：

$$\iint\limits_S x\mathrm{d}y\mathrm{d}z+2y\mathrm{d}z\mathrm{d}x+3z\mathrm{d}x\mathrm{d}y=\iint\limits_{S\cup S_1}-\iint\limits_{S_1}=-\iiint\limits_{\Omega}6\mathrm{d}V+\iint\limits_D 3\mathrm{d}x\mathrm{d}y$$

其中 Ω 是由锥面 $z=\sqrt{x^2+y^2}$ 与 $z=1$ 围成的有界闭区域，其中 $D=\{(x,y)\,|\,x^2+y^2\leqslant 1\}$。

$$\iiint\limits_{\Omega}6\mathrm{d}V=6\int_0^{2\pi}\mathrm{d}\theta\int_0^{\frac{\pi}{4}}\mathrm{d}\varphi\int_0^{\frac{1}{\cos\varphi}}\rho^2\sin\varphi\mathrm{d}\rho$$

$$=4\pi\int_0^{\frac{\pi}{4}}\frac{\sin\varphi}{\cos^3\varphi}\mathrm{d}\varphi=2\pi\left.\frac{1}{\cos^2\varphi}\right|_0^{\frac{\pi}{4}}=2\pi$$

另外 $\iint\limits_D 3\mathrm{d}x\mathrm{d}y=3\pi$，$\iint\limits_S x\mathrm{d}y\mathrm{d}z+2y\mathrm{d}z\mathrm{d}x+3z\mathrm{d}x\mathrm{d}y=-2\pi+3\pi=\pi$。（注：$\iiint\limits_{\Omega}6\mathrm{d}V$ 可由立体几何得到）。

39. 解：$\iint\limits_S(|x|+|y|+|z|)\mathrm{d}S=3\iint\limits_S|z|\mathrm{d}S=6\iint\limits_{S_z\geqslant 0}z\mathrm{d}S=6\iint\limits_{\sigma_{xy}}z\cdot\dfrac{z}{a}\mathrm{d}\sigma=6a\cdot\pi\cdot a^2=6\pi a^3$，

其中 σ_{xy}： $x^2+y^2\leqslant a^2$。

40. 解：$P=\dfrac{x-1}{r^3}$，$Q=\dfrac{y-1}{r^3}$，$R=\dfrac{z-3}{r^3}$，$\vec{A}=\{P,Q,R\}$，$\dfrac{\partial P}{\partial x}=\dfrac{1}{r^3}-\dfrac{3(x-1)^2}{r^5}$，

$\frac{\partial Q}{\partial y}=\frac{1}{r^3}-\frac{3(y-1)^2}{r^3}$，$\frac{\partial R}{\partial z}=\frac{1}{r^3}-\frac{3(z-3)^2}{r^5}$，$\mathrm{div}\vec{A}=0$。

（1）$I=\iiint\limits_{V_1}\mathrm{div}\vec{A}\mathrm{d}V=0$；

（2）取 S_1，S：$(x-1)^2+(y-1)^2+(z-1)^2=1$，则

$$I=\iint\limits_{S}\vec{A}\cdot\mathrm{d}\vec{S}=\oiint\limits_{S}(x-1)\mathrm{d}y\mathrm{d}z+(y-1)\mathrm{d}z\mathrm{d}x+(z-3)\mathrm{d}x\mathrm{d}y$$

$$=\iiint\limits_{V}(1+1+1)\mathrm{d}V=3\cdot\frac{4\pi}{3}=4\pi$$

41. 解：方法 1：化成第一类曲面积分计算：

$$I=\iint\limits_{S}(z\cos\alpha+y\cos\beta+z\cos\gamma)\mathrm{d}S=\iint\limits_{S}\frac{1}{\sqrt{3}}(z-y+x)\mathrm{d}S=\frac{1}{\sqrt{3}}\iint\limits_{S}\mathrm{d}S$$

其中 $\iint\limits_{S}\mathrm{d}S$ 为 S 的面积，可由几何算得 $\triangle ABC$ 为等边三角形，边长为 $\sqrt{2}$，其面积为 $\frac{\sqrt{3}}{2}$，所以 $I=\frac{1}{2}$。

方法 2：如方法 1：用公式 $\iint\limits_{S}\mathrm{d}S=\iint\limits_{D}\sqrt{1+(\frac{\partial z}{\partial x})^2+(\frac{\partial z}{\partial y})^2}\mathrm{d}\theta$，计算 S 的面积：

$$\iint\limits_{S}\mathrm{d}S=\iint\limits_{D}\sqrt{3}\mathrm{d}\sigma=\sqrt{3}\times\frac{1}{2}=\frac{\sqrt{3}}{2}，\quad I=\frac{1}{2}$$

方法 3：逐个投影计算：

$$\iint\limits_{S}z\mathrm{d}y\mathrm{d}z=\int_{-1}^{0}\mathrm{d}y\int_{0}^{y+1}z\mathrm{d}z=\frac{1}{6}$$

$$\iint\limits_{S}y\mathrm{d}z\mathrm{d}x=-\int_{0}^{1}\mathrm{d}y\int_{0}^{1-x}(x+z-1)\mathrm{d}z=\int_{0}^{1}\frac{1}{2}(x-1)^2\mathrm{d}x=\frac{1}{6}$$

$$\iint\limits_{S}x\mathrm{d}x\mathrm{d}y=-\int_{-1}^{0}\mathrm{d}y\int_{0}^{y+1}x\mathrm{d}x=\int_{-1}^{0}\frac{1}{2}(y+1)^2\mathrm{d}y=\frac{1}{6}$$

所以 $I=\frac{1}{2}$。

方法 4：添加 3 个平面（如图）$\triangle OAB$（法向量指向 z 轴负方向），$\triangle OAC$（法向量指向 y 轴正方向），$\triangle OBC$（法向量指向 x 轴负方向），由高斯公式：

$$I=\iint\limits_{S}z\mathrm{d}y\mathrm{d}z+y\mathrm{d}z\mathrm{d}x+x\mathrm{d}x\mathrm{d}y$$

$$=\iiint\limits_{\Omega}1\mathrm{d}V-\iint\limits_{\triangle OAB}-\iint\limits_{\triangle OAC}-\iint\limits_{\triangle OBC}$$

$$=\frac{1}{6}+\iint\limits_{\triangle OAB}x\mathrm{d}\sigma_{xy}-0+\iint\limits_{\triangle OBC}z\mathrm{d}\sigma_{yz}$$

其中 $\iint\limits_{\triangle OAB} x\mathrm{d}\sigma_{xy}$ 和 $\iint\limits_{\triangle OBC} z\mathrm{d}\sigma_{yz}$ 分别为平面 xOy 与平面 yOz 上的二重积分，则

$$\iint\limits_{\triangle OAB} x\mathrm{d}\sigma_{xy} = \int_{-1}^{0}\mathrm{d}y\int_{0}^{y+1} x\mathrm{d}x = \frac{1}{6},\quad \iint\limits_{\triangle OBC} z\mathrm{d}\sigma_{yz} = \frac{1}{6},\quad I = \frac{1}{2}$$

42. 解：$P = \dfrac{x}{(x^2+y^2+z^2)^{2/3}}$，$Q = \dfrac{y}{(x^2+y^2+z^2)^{2/3}}$，$R = \dfrac{z}{(x^2+y^2+z^2)^{2/3}}$，可知：

$\dfrac{\partial P}{\partial x} + \dfrac{\partial Q}{\partial y} + \dfrac{\partial R}{\partial z} \equiv 0$，当 $(x,y,z)\neq(0,0,0)$ 时，利用挖洞法，作曲面 S_1，$x^2+y^2+z^2 = S^2$ 法向量指向球心，原式 $= \iint\limits_{S} + \iint\limits_{S_1} - \iint\limits_{S_1} = 0 - \iint\limits_{S_1} \dfrac{x\mathrm{d}y\mathrm{d}z + y\mathrm{d}z\mathrm{d}x + z\mathrm{d}x\mathrm{d}y}{(x^2+y^2+z^2)^{2/3}}$

$$= -\frac{1}{S^3}\iint\limits_{S_1} x\mathrm{d}y\mathrm{d}z + y\mathrm{d}z\mathrm{d}x + z\mathrm{d}x\mathrm{d}y$$

$$= \frac{1}{S^3}\iiint\limits_{\Omega_1} 3\mathrm{d}V = \frac{1}{S^3}\cdot 3\cdot\frac{4\pi}{3}\cdot S^3 = 4\pi$$

其中 Ω_1 为 S_1 所围成的有限空间。

43. 解：将 S 分成前后两块：

S_1：$x = \sqrt{4-y^2}$，$0 \leqslant z \leqslant 2-y$，$-2 \leqslant y \leqslant 2$，法向量指向后；

S_2：$x = -\sqrt{4-y^2}$，$0 \leqslant z \leqslant 2-y$，$-2 \leqslant y \leqslant 2$，法向量指向前。

$$\iint\limits_{S} x\mathrm{d}y\mathrm{d}z = -2\iint\limits_{D}\sqrt{4-y^2}\mathrm{d}y\mathrm{d}z = -2\int_{-2}^{2}\mathrm{d}y\int_{0}^{2-y}\mathrm{d}y\sqrt{4-y^2}\mathrm{d}z = 2\int_{-2}^{2}(2-y)\sqrt{4-y^2}\mathrm{d}y$$

$$= 4\int_{-2}^{2}\sqrt{4-y^2}\mathrm{d}y = -4\times\frac{1}{2}\pi\times 2^2 = -8\pi$$

其中 $D = \{(y,z)\,|\,0 \leqslant z \leqslant 2-y, -2 \leqslant y \leqslant 2\}$。

44. 解：添加曲面 S_1：$z=0$，$x^2+y^2 \leqslant a^2$，法向量向下，则有

$$原式 = \frac{1}{a}\iint\limits_{S} x^2\mathrm{d}y\mathrm{d}z + y^2\mathrm{d}y\mathrm{d}z + (z^2+a^2)\mathrm{d}x\mathrm{d}y$$

$$= \frac{1}{a}\left(\iint\limits_{S} x^2\mathrm{d}y\mathrm{d}z + y^2\mathrm{d}y\mathrm{d}z + (z^2+a^2)\mathrm{d}x\mathrm{d}y + \iint\limits_{S_1} - \iint\limits_{S_1}\right)$$

$$= \frac{1}{a}\left(\iiint\limits_{\Omega} 2(x+y+z)\mathrm{d}V + \iint\limits_{D} a^2\mathrm{d}x\mathrm{d}y\right)$$

其中，$\Omega = \{(x,y,z)\,|\,\sqrt{a^2-x^2-y^2} \geqslant 0\}$，$D = \{(x,y)\,|\,x^2+y^2 \leqslant a^2\}$，则有

$$原式 = \frac{2}{a}\iiint\limits_{\Omega} z\mathrm{d}V + a\cdot\pi\cdot a^2 = \frac{2}{a}\int_{0}^{2\pi}\mathrm{d}\theta\int_{0}^{\frac{\pi}{2}}\cos\varphi\sin\varphi\mathrm{d}\varphi\int_{0}^{a}\rho^3\mathrm{d}\rho + \pi a^3$$

$$= \frac{1}{2}\pi a^3 + \pi a^3 = \frac{3}{2}\pi a^3$$

45. 解：（1）记：$F(x,y,z)=z-\frac{1}{2}(x^2+y^2)$，则有

$$\vec{n}=\{-x,-y,1\}，\quad \vec{n}^0=\frac{1}{\sqrt{1+x^2+y^2}}\{-x,-y,1\}$$

$$\iint_S (yf(x,y,z)+x)\mathrm{d}y\mathrm{d}z+(xf(x,y,z)+y)\mathrm{d}z\mathrm{d}x)+(2xyf(x,y,z)+z)\mathrm{d}x\mathrm{d}y$$

$$=\iint_S (\frac{-x(yf+x)}{\sqrt{1+x^2+y^2}}+\frac{-y(2f+y)}{\sqrt{1+x^2+y^2}}+\frac{2xy+z}{\sqrt{1+x^2+y^2}})\mathrm{d}S$$

$$=\iint_S (\frac{-x^2-y^2+z}{\sqrt{1+x^2+y^2}})\mathrm{d}S \text{ 或}=-\frac{1}{2}\iint_S (\frac{x^2+y^2}{\sqrt{1+x^2+y^2}})\mathrm{d}S$$

（2）$\iint_S (yf(x,y,z)+x)\mathrm{d}y\mathrm{d}z+(xf(x,y,z)+y)\mathrm{d}z\mathrm{d}x)+(2xyf(x,y,z)+z)\mathrm{d}x\mathrm{d}y$

$$=-\frac{1}{2}\iint_S \frac{x^2+y^2}{\sqrt{1+x^2+y^2}}\mathrm{d}S=-\frac{1}{2}\iint_D x^2+y^2\mathrm{d}\sigma=-\frac{1}{2}\int_0^{2\pi}\mathrm{d}\theta\int_2^4 r^3\mathrm{d}r=-\pi\cdot\frac{1}{4}(4^4-2^4)=-60\pi$$

46. 方法 1：加减曲面片，添加 S_1：$z=1$，$x^2+y^2\leqslant 1$，法向量向下，由高斯公式：

$$\iint_S (2x+z)\mathrm{d}y\mathrm{d}z+z\mathrm{d}x\mathrm{d}y=\iint_{S_1\cup S_2}-\iint_{S_1}=-\iiint_\Omega (2+1)\mathrm{d}V-(-1)\iint_D \mathrm{d}x\mathrm{d}y$$

$$=-3\int_0^{2\pi}\mathrm{d}\theta\int_0^1 r\mathrm{d}r\int_{r^2}^1 \mathrm{d}z+\pi=-\frac{1}{2}\pi$$

其中 $\Omega=\{(x,y,z)\big|x^2+y^2\leqslant z\leqslant 1\}$，$D=\{(x,y)\big|x^2+y^2\leqslant 1\}$。

方法 2：逐个投影法：

对于，$\iint_S (2x+z)\mathrm{d}y\mathrm{d}z$，投影到 yOz 平面上，为此应将 S 分成前后两部分：

S_1（前）：$x=\sqrt{z-y^2}$，$y^2\leqslant z\leqslant 1$，$-1\leqslant y\leqslant 1$；

S_2（后）：$x=-\sqrt{z-y^2}$，$y^2\leqslant z\leqslant 1$，$-1\leqslant y\leqslant 1$。

$$\iint_S (2x+z)\mathrm{d}y\mathrm{d}z=\iint_{S_1}(2x+z)\mathrm{d}y\mathrm{d}z+\iint_{S_2}(2x+z)\mathrm{d}y\mathrm{d}z$$

$$=-\iint_D (2\sqrt{z-y^2}+z)\mathrm{d}y\mathrm{d}z+\iint_D (-2\sqrt{z-y^2}+z)\mathrm{d}y\mathrm{d}z$$

$$=-4\int_{-1}^1\mathrm{d}y\int_{y^2}^1\sqrt{z-y^2}\mathrm{d}z=-\frac{16}{3}\int_0^1(1-y^2)^{\frac{3}{2}}\mathrm{d}y$$

令 $y=\sin t$，则 $-\frac{16}{3}\int_0^{\frac{\pi}{2}}\cos^4 t\mathrm{d}t=-\pi$。其中 $D=\{(y,z)\big|y^2\leqslant z\leqslant 1,-1\leqslant y\leqslant 1\}$。

对于 $\iint_S z\mathrm{d}x\mathrm{d}y$，将 S 投影到 xOy 平面上，投影域为 $x^2+y^2\leq 1$，则有：

$$\iint_S z\mathrm{d}x\mathrm{d}y=\iint_D (x^2+y^2)\mathrm{d}x\mathrm{d}y=\int_0^{2\pi}\mathrm{d}\theta\int_0^1 r^3\mathrm{d}r=\frac{\pi}{2}$$

其中 $D=\{(x,y)\big|x^2+y^2\leqslant 1\}$。

所以，$\iint\limits_S (2x+z)\mathrm{d}y\mathrm{d}z+z\mathrm{d}x\mathrm{d}y=-\pi+\dfrac{\pi}{2}=-\dfrac{\pi}{2}$。

47. 解：$\displaystyle\oiint\limits_S(\frac{\partial u}{\partial x}\cos\alpha+\frac{\partial u}{\partial y}\cos\beta+\frac{\partial u}{\partial z}\cos\gamma)\mathrm{d}S$

$$=\iiint\limits_\Omega(\frac{\partial^2 u}{\partial x^2}+\frac{\partial^2 u}{\partial y^2}+\frac{\partial^2 u}{\partial z^2})\mathrm{d}V=\iiint\limits_\Omega z^2\mathrm{d}V$$

$$=\int_0^{2\pi}\mathrm{d}\theta\int_0^{\frac{\pi}{2}}\mathrm{d}\varphi\int_0^{2\cos\varphi}\rho^4\cos^2\varphi\sin\varphi\mathrm{d}\rho$$

$$=2\pi\int_0^{\frac{\pi}{2}}\frac{32}{5}\cos^7\varphi\sin\varphi\mathrm{d}\varphi=\frac{8}{5}\pi$$

48. 解：添加面 S_1： $z=0$， $x^2+y^2\leqslant 1$，法向量向下。

$$I=\iint\limits_S yz\mathrm{d}z\mathrm{d}x+y^2\mathrm{d}x\mathrm{d}y+\iint\limits_{S_1} yz\mathrm{d}z\mathrm{d}x+y^2\mathrm{d}x\mathrm{d}y-\iint\limits_{S_1} yz\mathrm{d}z\mathrm{d}x+y^2\mathrm{d}x\mathrm{d}y$$

$$=\iiint\limits_\Omega z\mathrm{d}V+\iint\limits_D y^2\mathrm{d}x\mathrm{d}y$$

其中，$\Omega=\{(x,y,z)\big|0\leqslant z\leqslant 1-x^2-y^2\}$， $D=\{(x,y)\big|x^2+y^2\leqslant 1\}$。

$$I=\iint\limits_D\mathrm{d}\sigma\int_0^{1-x^2-y^2}z\mathrm{d}z+\iint\limits_D y^2\mathrm{d}\sigma=\iint\limits_D(\frac{1}{2}(1-x^2-y^2)^2+y^2)\mathrm{d}\sigma$$

$$=\int_0^{2\pi}\mathrm{d}\theta(\frac{1}{2}(1-r^2)^2+r^2\sin^2\theta)r\mathrm{d}r$$

$$=\int_0^{2\pi}(\frac{1}{12}+\frac{1}{4}\sin^2\theta)\mathrm{d}\theta=\frac{\pi}{6}+\frac{1}{2}\cdot\frac{\pi}{2}=\frac{5\pi}{12}$$

49. 解：设 $P=\dfrac{x-y-z}{(x^2+y^2+z^2)^{3/2}}$， $Q=\dfrac{y-z+x}{(x^2+y^2+z^2)^{3/2}}$， $R=\dfrac{z-x+y}{(x^2+y^2+z^2)^{3/2}}$，

$\dfrac{\partial P}{\partial x}+\dfrac{\partial Q}{\partial y}+\dfrac{\partial R}{\partial z}\equiv 0$（当 $(x,y,z)\neq(0,0,0)$），取 S_1： $x^2+y^2+z^2=1$ 的外侧，则

$$I=\iint\limits_S\frac{(x-y-z)\mathrm{d}y\mathrm{d}z+(y-z+x)\mathrm{d}z\mathrm{d}x+(z-x+y)\mathrm{d}x\mathrm{d}y}{(x^2+y^2+z^2)^{3/2}}$$

$$=\iint\limits_{S_1}(x-y-z)\mathrm{d}y\mathrm{d}z+(y-z+x)\mathrm{d}z\mathrm{d}x+(z-x+y)\mathrm{d}x\mathrm{d}y$$

$$=\iiint\limits_\Omega 3\mathrm{d}V=3\times\frac{4}{3}\pi=4\pi$$

其中 $\Omega=\{(x,y,z)\big|x^2+y^2+z^2\leqslant 1\}$。

50. 解：由高斯公式：

$$\oiint_S x^2\mathrm{d}y\mathrm{d}z+y^2\mathrm{d}z\mathrm{d}x+z^2\mathrm{d}x\mathrm{d}y=\iiint_\Omega(2x+2y+2z)\mathrm{d}V$$

$$=2\iiint_\Omega((x-a)+(y-b)+(z-c))\mathrm{d}V+2\iiint_\Omega(a+b+c)\mathrm{d}V$$

$$2\iiint_\Omega((x-a)+(y-b)+(z-c))\mathrm{d}V=2\iiint_\Omega(x-a)\mathrm{d}V+2\iiint_\Omega(y-b)\mathrm{d}V+2\iiint_\Omega(z-c)\mathrm{d}V$$

以计算 $\iiint_\Omega(z-c)\mathrm{d}V$ 为例：

记：$z_1=c-\sqrt{R^2-(x-a)^2+(y-b)^2}$，$z_2=c+\sqrt{R^2-(x-a)^2+(y-b)^2}$，$D_{xy}=\{(x,y)\big|(x-a)^2+(y-b)^2\leqslant R^2\}$，$\iiint_\Omega(z-c)\mathrm{d}V=\iint_{D_{xy}}\mathrm{d}\sigma\int_{z_1}^{z_2}(z-c)\mathrm{d}z=\iint_{D_{xy}}0\mathrm{d}\sigma=0$，同理 $\iiint_\Omega(x-a)\mathrm{d}V=0$，$\iiint_\Omega(y-b)\mathrm{d}V=0$，且 $2\iiint_\Omega(a+b+c)\mathrm{d}V=2(a+b+c)\dfrac{4}{3}\pi R^3$，所以，

$\oiint_S x^2\mathrm{d}y\mathrm{d}z+y^2\mathrm{d}z\mathrm{d}x+z^2\mathrm{d}x\mathrm{d}y=\dfrac{8}{3}(a+b+c)\pi R^3$。

第 13 章　同步练习解答

1. 略。
2. （1）不是；（2）不是。
3. （1）$y'=x^2$；（2）$yy'+2x=0$。
4. $y=Ce^{x^2}$。
5. （1）$y=e^{Cx}$；（2）$\arcsin(x-\sqrt{1-y^2})=C$ 及 $(y=\pm1)$；（3）$10^{-y}+10^x=C$；（4）$(x-4)y^4=Cx$。
6. $\ln|y|=\dfrac{y}{x}+Cy$。
7. （1）$y=xe^{Cx}$；（2）$y^2=2x^2(\ln x+2)$；（3）$\dfrac{x+y}{x^2+y^2}=1$；（4）$x^2-y^2=Cy$（及 $y=0$）。
8. （1）$y=(x+1)^2(\dfrac{2}{3}(x+1)^{\frac{3}{2}}+C)$；（2）$y=\dfrac{-\cos x+C}{x}$；（3）$y\sin x+5e^{\cos x}=1$；（4）$y=(1-\dfrac{4}{x^2})\sin x+\dfrac{4}{x}\cos x+\dfrac{4\pi}{x^2}$。
9. （1）$y^2=Cx-x\ln|x|$；（2）$\dfrac{3}{2}x^2+\ln\left|1+\dfrac{3}{y}\right|=C$；（3）$\dfrac{1}{y}=-\sin x+Ce^x$。
10. $x^5+\dfrac{3}{2}x^2y^2-xy^3+\dfrac{1}{3}y^3=C$。

11. $\dfrac{x}{y}+\dfrac{x^2}{2}=C$。

12. $-\dfrac{1}{y}+\dfrac{x^2}{y^3}=C$ 。

13. $x\sin y+y\cos x=C$。

14. $ye^x+xe^y=C$。

15. （1） $y=\dfrac{1}{6}x^3-\sin x+C_1x+C_2$；（2） $y=1-\cos 2x$；

（3） $y=x\arctan x-\dfrac{1}{2}\ln(1+x^2)+C_1x+C_2$；（4） $y=-\ln\left|\cos(x+C_1)\right|+C_2$；

（5）$y=C_1x\ln x-C_1x+C_2$；（6）$y=x^3+3x+1$；（7）$y=C_1(x+\dfrac{1}{3}x^3)+C_2$；（8）$y=\sec x$。

16. $y=\dfrac{x^3}{6}+\dfrac{x}{2}+1$。

17. 略。

18. 略。

19. $S=(4+2t)e^{-t}$ 。

20. （1）$y=C_1e^x+C_2e^{3x}$ ；（2）$y=e^{-3x}(C_1\cos 2x+C_2\sin 2x)$；（3）$y=(C_1+C_2x)e^x$；

（4） $y=4e^x+e^{4x}$。

21. （1）$y=C_1\cos x+C_2\sin x+\dfrac{1}{2}(x+1)e^{-x}$；（2）$y=C_1e^{-x}+C_2e^{-2x}+(\dfrac{3}{2}x^2-3x)e^{-x}$；

（3） $y=(C_1+C_2x)e^{-x}+x^2e^{-x}$；（4） $y=(1+\dfrac{1}{4}x)\sin 2x$；（5） $y=\dfrac{1}{2}(e^{9x}+e^x)-\dfrac{1}{7}e^{2x}$；

（6） $y=C_1\cos 2x+C_2\sin 2x+\dfrac{1}{3}x\cos x+\dfrac{2}{9}\sin x$。

22. （1）$y=C_1+C_2e^{-3x}-\dfrac{7}{10}\cos x+\dfrac{1}{10}\sin x$；（2）$y=C_1\cos x+C_2\sin x+\dfrac{e^x}{2}+\dfrac{x}{2}\sin x$。

第 13 章　提高题解答

1. 解：改写为： $y\dfrac{dy}{dx}=\dfrac{y^2}{2x}+\dfrac{x^2}{2}$，令 $z=y^2$，化为 $\dfrac{dz}{dx}=\dfrac{z}{x}+x^2$，由通解公式得：

$$z=e^{\int\frac{1}{x}dx}(\int x^2e^{-\int\frac{1}{x}dx}dx+C)=|x|(\int\frac{x^2}{|x|}dx+C)$$

当 $x>0$ 时，$z=x(\int xdx+C)=\dfrac{x^3}{2}+Cx$；

当$x<0$时，$z=-x(-\int x\mathrm{d}x+C)=x(\int x\mathrm{d}x-C)=\dfrac{x^3}{2}-Cx$，所以，通解为$y^2=\dfrac{1}{2}x^3+Cx$。

2. 解：令$y'=P$，$y''=\dfrac{\mathrm{d}P}{\mathrm{d}x}=\dfrac{\mathrm{d}P}{\mathrm{d}y}\cdot\dfrac{\mathrm{d}y}{\mathrm{d}x}=P\dfrac{\mathrm{d}P}{\mathrm{d}y}$，原方程化为：$P\dfrac{\mathrm{d}P}{\mathrm{d}y}=2yP$，分解为$P=0$及$\dfrac{\mathrm{d}P}{\mathrm{d}y}=2y$，由$P=0$及$y=C_1$，不满足初始条件$y(0)=1$，$y'(0)=2$，舍去，所以$P=y^2+C_1$，以初始条件$y(0)=1$，$y'(0)=2$代入，$2=1+C_1$，$C_1=1$，所以$\dfrac{\mathrm{d}y}{\mathrm{d}x}=y^2+1$，$\arctan y=x+C_2$，再以$y(0)=1$代入得$C_2=\dfrac{\pi}{4}$，得$y=\tan(x+\dfrac{\pi}{4})$。

3. 解：$\dfrac{\mathrm{d}x}{\mathrm{d}y}=\dfrac{x+\sqrt{x^2+y^2}}{y}=\dfrac{x}{y}+\sqrt{(\dfrac{x}{y})^2+1}$，令$\dfrac{x}{y}=u$，则$x=yu$，有$\dfrac{\mathrm{d}x}{\mathrm{d}y}=u+y\cdot\dfrac{\mathrm{d}u}{\mathrm{d}y}$，原方程为：$y\cdot\dfrac{\mathrm{d}u}{\mathrm{d}y}=\sqrt{u^2+1}$，$\therefore\ln\left|u+\sqrt{u^2+1}\right|=\ln|y|+\ln|C_1|$，$u+\sqrt{u^2+1}=Cy$，$y=\dfrac{1}{C}\sqrt{1+2Cx}$，$C>0$。

4. 解：$\dfrac{\mathrm{d}x}{\mathrm{d}y}-\dfrac{2x}{y}=-5x^2y^2$，$\dfrac{\mathrm{d}x^{-1}}{\mathrm{d}y}+\dfrac{2}{y}x^{-1}=5y^2$，

$\therefore x^{-1}=\mathrm{e}^{-\int\frac{2}{y}\mathrm{d}y}(\int 5y^2\mathrm{e}^{\int\frac{2}{y}\mathrm{d}y}\mathrm{d}y+C)=\dfrac{1}{y^2}(\int 5y^4\mathrm{d}y+C)=y^3+\dfrac{C}{y^2}$，$\therefore x=\dfrac{y^2}{y^5+C}$。

5. 解：$\dfrac{\partial}{\partial x}(\varphi(x)+2xy)=\dfrac{\partial}{\partial y}(y^2+xy+\varphi(x)\cdot y)$，$\therefore\varphi'(x)-\varphi(x)=x$，

$\therefore\varphi(x)=\mathrm{e}^x(\int x\mathrm{e}^{-x}\mathrm{d}x+C)=-x-1+C\mathrm{e}^x$，再由$\varphi(0)=1$可得$C=2$，从而

$$\varphi(x)=-x-1+2\mathrm{e}^x$$

于是所给全微分方程为：

$$(y^2-y+2y\mathrm{e}^x)\mathrm{d}x+(2xy-x-1+2\mathrm{e}^x)\mathrm{d}y=0$$

所以

$$\begin{aligned}&(y^2-y+2y\mathrm{e}^x)\mathrm{d}x+(2xy-x-1+2\mathrm{e}^x)\mathrm{d}y\\&=(y^2\mathrm{d}x+2xy\mathrm{d}y)-(y\mathrm{d}x+x\mathrm{d}y)+2(y\mathrm{e}^x\mathrm{d}x+\mathrm{e}^x\mathrm{d}y)-\mathrm{d}y\\&=\mathrm{d}(xy^2-xy+2y\mathrm{e}^x-y)=0,\end{aligned}$$

所以，通解为$xy^2-xy+2y\mathrm{e}^x-y=C$。

6. 解：$y''+4y=\dfrac{1}{2}+\dfrac{1}{2}\cos 2x$，对应齐次方程的通解为：$Y(x)=C_1\cos 2x+C_2\sin 2x$，分别考虑$y''+4y=\dfrac{1}{2}$及$y''+4y=\dfrac{1}{2}\cos 2x$，易见前者的一个特解为：$y_1^*=\dfrac{1}{8}$，对于第二个方程，因为对应齐次方程的特征方程的单重根，故命$y_2^*=x(A\cos 2x+B\sin 2x)$，$\therefore y_2^*=\dfrac{1}{8}x\sin 2x$，$\therefore$通解为$y=C_1\cos 2x+C_2\sin 2x+\dfrac{1}{8}+\dfrac{1}{8}x\sin 2x$。

7. 解：由通解 $y=\mathrm{e}^{x}(C_1\cos x+C_2\sin x)$ 可知，$\mathrm{e}^{x}\cos x$ 与 $\mathrm{e}^{x}\sin x$ 为两个特解，由此可知 $r_{1,2}=1\pm i$ 为两个特征根，于是可知：$(r-(1+i))(r-(1-i))=r^2-2r+2=0$ 为特征方程。

8. 解：曲线 $y=y(x)$ 上点 $P(x,y)$ 处的切线为：$Y-y=y'(z-x)$，命 $Y=0$，得它与 x 轴的交点坐标为 $(x-\dfrac{y}{y'},0)$，由于 $y'>0$，$y\big|_{x=0}=1$，从而 $y(x)>0$，于是面积

$$S_1=\frac{1}{2}y\left|x-(x-\frac{y}{y'})\right|=\frac{y^2}{2y'}$$

曲面梯形面积 $S_2=\int_0^x y(t)\mathrm{d}t$，由条件 $2S_1-S_2=1$ 可知：$\dfrac{y^2}{y'}-\int_0^x y(t)\mathrm{d}t=1$。两边对 x 求导并化简，得微分方程 $yy''=(y')^2$，命 $y'=P$，有：$y''=\dfrac{\mathrm{d}P}{\mathrm{d}x}=\dfrac{\mathrm{d}P}{\mathrm{d}y}\cdot\dfrac{\mathrm{d}y}{\mathrm{d}x}=P\cdot\dfrac{\mathrm{d}P}{\mathrm{d}y}$，上述方程为：$y\cdot P\cdot\dfrac{\mathrm{d}P}{\mathrm{d}y}=P^2$。因为 $P=0$ 即 $\dfrac{\mathrm{d}y}{\mathrm{d}x}=0$ 不满足初始条件，舍弃，因为 $y\cdot\dfrac{\mathrm{d}P}{\mathrm{d}y}=P$，所以 $P=C_1y$，由 $y\big|_{x=0}=1$ 及方程 $\dfrac{y^2}{y'}-\int_0^x y(t)\mathrm{d}t=1$，得 $y'\big|_{x=0}=1$，$\therefore C_1=1$，再由 $\dfrac{\mathrm{d}y}{\mathrm{d}x}=P=y$，得 $y=C_2\mathrm{e}^{x}$，由 $y(0)=1$，得 $C_2=1$，$\therefore$ 曲线方程为 $y=\mathrm{e}^{x}$。

9. 解：由旋转体体积公式，有：$\pi\int_1^t\left(f(x)\right)^2\mathrm{d}x=\dfrac{\pi}{3}(t^2f(t)-f(1))$，$t>1$，两边对 t 求导，并记 $f(t)=y$，化为齐次微分方程 $t^2\dfrac{\mathrm{d}y}{\mathrm{d}t}+2ty=3y^2$，解得：$y=\dfrac{t}{1-Ct^3}$，所以 $f(x)=\dfrac{x}{1-Cx^3}$，又因为 $f(2)=\dfrac{2}{9}$，所以 $C=-1$，则有 $f(x)=\dfrac{x}{1+x^3}$，$x>1$。

10. 解：右端为 $A\cos x$，但解中含有 $x\sin x$，所以 $\pm i$ 是它的特征根，所以特征方程为：$r^2+1=0$，方程为：$y''+y=A\cos x$，以 $y^*=\cos x+x\sin x$ 代入可得 $A=2$，从而方程为：$y''+y=2\cos x$，通解为：$y=C_1\cos x+C_2\sin x+x\sin x$。

11. 解：由通解形式可知：该方程有特征根 $r_{1,2}=1\pm i$，所以特征方程为：$r^2+2r+2=0$，对应得齐次微分方程为：$y''+2y'+2y=0$。

12. 解：$f(x)=\mathrm{e}^{2x}+x\int_0^x t\cdot f(x-t)\mathrm{d}t=\int_x^0(x-u)\cdot f(u)(-\mathrm{d}u)+\mathrm{e}^{2x}$

$$=\mathrm{e}^{2x}+x\int_0^x f(u)\mathrm{d}u-\int_0^x u\cdot f(u)$$

两边对 x 求导，得：$f'(x)=2\mathrm{e}^{2x}+\int_0^x f(u)\mathrm{d}u+x\cdot f(x)-x\cdot f(x)=2\mathrm{e}^{2x}+\int_0^x f(u)\mathrm{d}u$

再求导：$f''(x)=4\mathrm{e}^{2x}+f(x)$，得：$f''(x)-f(x)=4\mathrm{e}^{2x}$，求得通解

$$f(x)=C_1\mathrm{e}^{x}+C_2\mathrm{e}^{-x}+\frac{4}{3}\mathrm{e}^{2x}$$

又因为 $f(0)=1$，再由 $f'(x)$ 得表达式可知：$f'(0)=2$ 代入得解

$$f(x)=-\frac{1}{2}\mathrm{e}^{x}+\frac{1}{6}\mathrm{e}^{-x}+\frac{4}{3}\mathrm{e}^{4x}$$

13. 解： $y''+2y'+2y=e^{-x}+e^{-x}\cos x$，分别求：

$$y''+2y'+2y=e^{-x} \tag{1}$$

$$y''+2y'+2y=e^{-x}\cos x \tag{2}$$

的解，对应的齐次方程的特征方程是： $r^2+2r+2=0$，解得特征根为： $r_{1,2}=-1+i$，对应的齐次方程的通解是： $Y(x)=e^{-x}(C_1\cos x+C_2\sin x)$，式（1）对应的特解： $y_1^*=Ae^{-x}$，用待定系数法可得 $y_1^*=e^{-x}$；式（2）对应的特解可设为： $y_2^*=xe^{-x}(B\cos x+C\sin x)$，由待定系数法可得： $y_2^*=\frac{1}{2}xe^{-x}\sin x$，所以原方程的通解为

$$y=Y(x)+y_1^*+y_2^*=e^{-x}(C_1\cos x+C_2\sin x)+e^{-x}+\frac{1}{2}xe^{-x}\sin x$$

14. 解：由 $f'(x)=\pi-x$，有 $f''(x)=-f'(\pi-x)=-f(x)$，所以得微分方程： $f''(x)+f(x)=0$，解得： $f(x)=C_1\cos x+C_2\sin x$，但注意，它还应满足条件 $f'(x)=f(\pi-x)$，代入，有： $-C_1\sin x+C_2\cos x=-C_1\cos x+C_2\sin x$，所以 $C_1=-C_2$，从而得解： $f(x)=C_1(\cos x-\sin x)$。

15. 解：设 t 时刻的半径为 r， t 时刻半球体积为： $V=\frac{2}{3}\pi r^3$，半球面面积为： $S=2\pi r^2$，由条件 $\frac{dV}{dt}=-kS$，于是有 $2\pi r^2\cdot\frac{dr}{dt}=-k\cdot 2\pi r^2$，即 $\frac{dr}{dt}=-k$，初始条件为： $r\big|_{t=0}=r_0$，解上述微分方程，并利用初始条件得解： $r=-kt+r_0$，又当 $t=3$（小时）时，则：

$$\frac{2}{3}\pi(-3k+r_0)^3=(1-\frac{7}{8})\cdot\frac{2}{3}\pi r_0^3$$

即 $-3k+r_0=\frac{1}{2}r_0$，求得： $k=\frac{1}{6}r_0$，从而 $r=(-\frac{1}{6}t+1)r_0$，故当 $t=6$（小时）时， $r=0$，即融化完毕。

16. 解：分别求 $x\geqslant 1$ 时， $y''-y=e^{x-1}$ 的解与 $x<1$ 时， $y''-y=e^{1-x}$ 的解，并使在 $x=1$ 处连续，得通解： $y=\begin{cases}(C_1-\frac{1}{2})e^{x-1}+(C_2+\frac{1}{2})e^{1-x}+\frac{1}{2}(x-1)e^{x-1}, & x\geqslant 1\\ C_1e^{x-1}+C_2e^{1-x}-\frac{1}{2}(x-1)e^{1-x}, & x<1\end{cases}$

也可写成： $y=\begin{cases}A_1e^{x}+A_2e^{-x}+\frac{1}{2}xe^{x-1}, & x\geqslant 1\\ (A_1+e^{-1})e^{x}+A_2e^{-x}-\frac{1}{2}xe^{1-x}, & x<1\end{cases}$，其中 A_1 与 A_2 为任意常数。

17. 解:；两边对 x 求导，得： $\frac{f(x)}{f^2(x)+x}=f'(x)$，令 $f(x)=y$，得： $y=(y^2+x)\frac{dy}{dx}$，将 x 作为未知函数，解得： $x=y^2+Cy$，由原积分方程有： $f(1)=1$，给出 $C=0$，得： $x=y^2$，所以 $y=f(x)=\sqrt{x}$（因为 $f(1)=1$，取正号）。

18. 解：两边对 x 求导， $g(f(x))f'(x)+f(x)=(x^2+2x)e^x$，由 $g(f(x))=x$ 得：

$$xf'(x)+f(x)=(x^2+2x)\mathrm{e}^x \qquad (1)$$

当 $x\neq 0$ 时，由一阶线性方程通解公式得：$f(x)=x\mathrm{e}^x+\dfrac{C}{x}$，又由式（1）有 $f(0)=0$，可见 $C=0$，$0=f(0)=\lim\limits_{x\to 0}f(x)=\infty$ 矛盾，从而得：$f(x)=x\mathrm{e}^x$。

19. 解：（1）由反函数得导数公式，有：

$$\frac{\mathrm{d}y}{\mathrm{d}x}=\frac{1}{y'_x},\quad \frac{\mathrm{d}^2x}{\mathrm{d}y^2}=\frac{\mathrm{d}}{\mathrm{d}y}\left(\frac{\mathrm{d}x}{\mathrm{d}y}\right)=\frac{\mathrm{d}}{\mathrm{d}y}\left(\frac{1}{y'_x}\right)=\frac{\mathrm{d}}{\mathrm{d}x}\left(\frac{1}{y'_x}\right)\cdot\frac{\mathrm{d}x}{\mathrm{d}y}=-\frac{y''_{xx}}{(y'_x)^2}\cdot\frac{1}{y'_x}=\frac{y''_{xx}}{(y'_x)^3}$$

于是原方程化为：$-\dfrac{y''_{xx}}{(y'_x)^3}+(y+\sin y)\cdot\left(\dfrac{1}{y'_x}\right)^3=0$，$y''_{xx}-y=\sin x$。

（2）上述方程为关于 x 的二阶常系数线性非齐次方程，按常规办法解该方程，得通解为：$y=C_1\mathrm{e}^x+C_2\mathrm{e}^{-x}-\dfrac{1}{2}\sin x$，又由初始条件 $y(0)=0$，$y'(0)=\dfrac{3}{2}$，代入有：$C_1+C_2=0$，$C_1-C_2-\dfrac{1}{2}=\dfrac{3}{2}$，所以 $C_1=1$，$C_2=-1$，取得解为：$y=\mathrm{e}^x-\mathrm{e}^{-x}-\dfrac{1}{2}\sin x$，此 y 满足 $y'\neq 0$ 的条件。

20. 解：将 $y_2(x)=u(x)\mathrm{e}^x$ 代入原方程并整理得：$(2x-1)u''+(2x-3)u'=0$，令 $u'(x)=z$，则 $(2x-1)z'+(2x-3)z=0$，解得：$z=\tilde{C}_1(2x-1)\mathrm{e}^{-x}$，从而

$$u(x)=\int\tilde{C}_1(2x-1)\mathrm{e}^{-x}\mathrm{d}x=-\tilde{C}_1((2x-1)\mathrm{e}^{-x}+2\mathrm{e}^{-x})+\tilde{C}_2$$

由 $u(-1)=\mathrm{e}$，$u(0)=-1$，得 $\tilde{C}_1=1$，$\tilde{C}_2=0$，所以 $u(x)=-(2x+1)\mathrm{e}^{-x}$，所以原微分方程得通解为：$y=C_1\mathrm{e}^x-C_2(2x+1)$。

21. 解：$y'-y=2x-x^2$。

22. 解：方法 1：

由公式解得：$y=\mathrm{e}^{-\int\mathrm{d}x}\left(\int\mathrm{e}^{-x}\cos x\,\mathrm{e}^{\int\mathrm{d}x}+C\right)=\mathrm{e}^{-x}\left(\int\cos x\mathrm{d}x+C\right)=\mathrm{e}^{-x}(\sin x+C)$，由于 $y(0)=0$，故 $C=0$，所以 $y=\mathrm{e}^{-x}\sin x$。

方法 2：微分方程两边同乘 e^x 得 $(y\mathrm{e}^x)'=\cos x$，两边积分 $\int_0^x(y\mathrm{e}^t)'\mathrm{d}t=\int_0^x\cos t\mathrm{d}t$，得 $y\mathrm{e}^x=\sin x$，即 $y=\mathrm{e}^{-x}\sin x$。

姓名:__________　　学号:__________　　所在院系:__________　　所在班级:__________

微积分 II（B） 期中考之一

一．向量代数与空间解析几何（每小题 8 分，共 40 分）

1. 设向量$\vec{a}$、$\vec{b}$、$\vec{c}$，满足：$|\vec{a}|=1$，$|\vec{b}|=2$，$|\vec{c}|=\sqrt{3}$，且$\vec{a}+\vec{b}+\vec{c}=\vec{0}$。求：（1）$\vec{b}\cdot\vec{c}$；（2）向量$\vec{b}\cdot\vec{c}$之间的夹角。

2. 过点$M(1,2,3)$与平面$2x+2y+z=0$垂直的直线为l。求：（1）直线l的方程；（2）点M关于平面π的对称点N的坐标。

3. 将直线$\begin{cases}x+y-2z-2=0\\2x+3y-z+2=0\end{cases}$化为对称式方程。

4. 求过点$M(1,1,2)$与直线$\begin{cases}x+y+z+2=0\\2x+y-z+2=0\end{cases}$的平面方程。

5. 化简曲线C：$\begin{cases}z=\sqrt{x^2+y^2}\\x^2+y^2+(z-1)^2=5\end{cases}$的表达式，并用参数方程表示曲线$C$。

二. 多元函数微分学（第 1、2 小题，每题 6 分；第 3~8 小题，每题 8 分，共 60 分）

1. 求 $\lim\limits_{(x,y)\to(0,3)} \dfrac{\ln(1+xy^2)}{\sin 3x}$。

2. 设 $f(x,y)=(x-1)^2\arctan(1+y^2)+(x-2)\dfrac{x^2-y^2}{x^2+y^2}$，求 $f_x'(2,0)$ 和 $f_y'(2,0)$。

3. 求函数 $z=\ln(1+x^2+y^2)$ 在点 $P(1,1)$ 处的全微分 $\mathrm{d}z\big|_{(1,1)}$。

4. 由方程 $x^3z+xy^2+\mathrm{e}^z=1$ 确定 $z=z(x,y)$，计算 $\dfrac{\partial z}{\partial x}$ 和 $\dfrac{\partial^2 z}{\partial x\partial y}$。

5. 求曲面 S： $x^2+2y^2+3z^2=20$ 在点 $(3,2,1)$ 处的切平面。

6. 设 $f(x,y,z)=\sqrt{x^2+y^2+z^2}$，求 f 在点 $M(1,-2,2)$ 处沿方向向量 $\vec{l}=\{1,-2,2\}$ 的方向导数。

7. 设 $f(x,y)=\begin{cases}\dfrac{x^2+y^2}{|x|+|y|}, & x^2+y^2\neq 0\\ 0, & \text{其他}\end{cases}$，证明 $f(x,y)$ 在点 $(0,0)$ 处连续但偏导数不存在。

8. 求函数 $z = x^2 - 2xy + 2y^2 - 6x + 4y + 9$ 的极小值。

附加题：（5 分）证明：光滑曲线 $F(\frac{y}{x}, \frac{x}{z}) = 0$ 上任何一点处的切平面过定点。

姓名:__________ 学号:__________ 所在院系:__________ 所在班级:__________

微积分 II（B） 期中考之一解答

一

1.（1）$\vec{b}\cdot\vec{c}=-3$；（2）$\alpha=\dfrac{5\pi}{6}$。

2.（1）l：$\dfrac{x-1}{2}=\dfrac{y-2}{2}=\dfrac{z-3}{1}$；（2）$N(-3,-2,1)$。

3. l：$\dfrac{x-2}{5}=\dfrac{y}{-3}=\dfrac{z}{1}$。

4. $3(x-1)+(y-1)-3(z-2)=0$，即$3x+y-3z+2=0$。

5. $\begin{cases}x=2\sin\theta\\ y=2\cos\theta\\ z=2\end{cases}$ 。

二

1. 3。

2. $f'_x(2,0)=1+\dfrac{\pi}{2}$；$f'_y(2,0)=\dfrac{2}{13}$。

3. $\mathrm{d}z\big|_{(1,1)}=\mathrm{d}x+\mathrm{d}y$。

4. $\dfrac{\partial z}{\partial x}=-\dfrac{3zx^2+y^2}{x^3+\mathrm{e}^z}$，$\dfrac{\partial^2 z}{\partial x\partial y}=\dfrac{3x^2-2y(x^3+\mathrm{e}^z)}{(x^3+\mathrm{e}^z)^3}$。

5. 切平面方程为：$x+4y+z-12=0$；法线方程为：$\dfrac{x-3}{-1}=\dfrac{y-2}{-\frac{4}{3}}=\dfrac{z-1}{-1}$。

6. 方向导数为$\dfrac{1}{3}$。

7. 证略。

8. 极小值-1。

附加题，证略。

姓名:__________ 学号:__________ 所在院系:__________ 所在班级:__________

微积分 II（B） 期中考之二

一. 填空题（每空 2 分，共 22 分）

1. 已知两个非零向量 $\vec{a}$ 与 $\vec{b}$ 平行，$\vec{c}$ 是另一个非零向量，则 $(\vec{c}\times\vec{a})\cdot\vec{b}=$__________。

2. 向量 $\vec{a}=2\vec{i}+\vec{j}+3\vec{k}$，$\vec{b}=4\vec{i}+c\vec{j}+6\vec{k}$，则当 $c=$__________时，有 $\vec{a}\,/\!/\,\vec{b}$，当 $c=$__________时，有 $\vec{a}\perp\vec{b}$。

3. 二元函数 $f(x,y)=\sin x+\cos y$ 的梯度 $\mathrm{grad}f(x,y)=$__________，函数 $f(x,y)$ 在点 (x,y) 处沿梯度方向的方向导数为__________。

4. 假定函数 f，g 均可导，且 $u=f(g(\sin x\cos y,\cos x\sin y))$，则 $\dfrac{\partial u}{\partial x}=$__________。

5. 已知 $D=\{(x,y)\,|\,x^2+y^2\leqslant 1\}$，则 $\iint\limits_D \mathrm{e}^{x^2+y^2}\sin x\mathrm{d}x\mathrm{d}y=$__________。

6. 圆 $(x-1)^2+y^2=1$ 的极坐标方程为__________。

7. 经过点 $(1,1,1)$ 且与 x 轴平行的直线方程为__________。

8. 经过点 $(1,1,1)$ 且与直线 $\begin{cases}x+y+z=1\\2x+y-z=3\end{cases}$ 垂直的平面方程为__________。

9. 曲线 $\begin{cases}x=\cos\theta\\y=\sin\theta\\z=2\theta\end{cases}$，$0\leqslant\theta\leqslant+\infty$ 在 xOy 平面上的投影方程为__________。

二. 偏导数计算题（每题 6 分，共 24 分）

1. 已知 $z=x^y$，求 $\dfrac{\partial z}{\partial x}$ 与 $\dfrac{\partial z}{\partial y}$。

2. 已知方程 $\mathrm{e}^z+z\sin x+xy=1$ 确定隐函数 $z=f(x,y)$，求全微分 $\mathrm{d}z$。

3. 已知函数 $z=f(x+y,x-y)$ 的二阶偏导数存在，求 $\dfrac{\partial^2 z}{\partial x\partial y}$。

4. 已知 $f(\sin x,\sin(xy))=\sin^2 x+\mathrm{e}^{\sin(xy)}\cdot\sin x$，试写出 f_1' 与 f_2' 的表达式。

三. 积分计算题（每题 6 分，共 24 分）

1. 交换累计积分 $I=\int_{-1}^{0}\mathrm{d}x\int_{-\sqrt{1-x^2}}^{0}f(x,y)\mathrm{d}y+\int_{0}^{1}\mathrm{d}x\int_{x-1}^{0}f(x,y)\mathrm{d}y$ 的积分次序。

2. 计算 $\iint\limits_{D}(x\sin y+\cos x)\mathrm{d}x\mathrm{d}y$，其中 D 是由直线 $y=x+1$，$x+y=1$ 及 x 轴所围的闭区域。

3. 计算 $\iint\limits_{D}\mathrm{e}^{x^2+y^2}\mathrm{d}x\mathrm{d}y$ ，其中 $D=\{(x,y)\mid x^2+y^2\leqslant 1\}$。

4. 计算 $\iint\limits_{D}\arctan\frac{y}{x}\mathrm{d}\sigma$，其中 D 是由直线 $y=x$，圆 $x^2+y^2=1$ 及 x 轴所围的位于第一象限的闭区域。

四. 综合题（每题 6 分，共 30 分）

1. 证明二重极根 $\lim\limits_{(x,y)\to(0,0)}\frac{x^2y^2}{x^6+y^3}$ 不存在。

2. 求函数 $u=\sin x\sin y\sin z$ 满足 $x+y+z=\dfrac{\pi}{2}$（$x>0$，$y>0$，$z>0$）的条件极值。

3. 求曲面 $xyz=1$ 的切平面与三个坐标平面所围成的四面体的体积。

4. 求由抛物线 $y=x^2$ 与直线 $y=1$ 所围的封闭区域的面积。

5. 求经过直线 $\begin{cases}x+2y+z=1\\x+y-z=2\end{cases}$ 且平行于另一直线 $\dfrac{x-1}{1}=\dfrac{y}{2}=\dfrac{z+1}{1}$ 的平面方程。

姓名:____________ 学号:____________ 所在院系:____________ 所在班级:____________

微积分 II（B） 期中考之二解答

一. 填空题

1. 0。

2. 2； −24。

3. $\{\cos x, -\sin y\}$； $\sqrt{\cos^2 x+\sin^2 y}$。

4. $\dfrac{\partial u}{\partial x}=f'\cdot(g_1'(\cos x\cos y-g_2'\sin x\sin y))$。

5. 0，

6. $r=2\cos\theta$。

7. $\dfrac{x-1}{1}=\dfrac{y-1}{0}=\dfrac{z-1}{0}$。

8. $2x-3y+z=0$。

9. $\begin{cases}x^2+y^2=1\\ z=0\end{cases}$。

二. 偏导数计算题

1. $\dfrac{\partial z}{\partial x}=yx^{y-1}$； $\dfrac{\partial z}{\partial y}=x^y\ln x$。

2. $\mathrm{d}z=-\dfrac{z\cos x+y}{\sin x+\mathrm{e}^z}\mathrm{d}x-\dfrac{x}{\sin x+\mathrm{e}^z}\mathrm{d}y$。

3. $\dfrac{\partial z}{\partial x}=f_1'+f_2'$； $\dfrac{\partial^2 z}{\partial x\partial y}=f_{11}''-f_{12}''+f_{21}''-f_{22}''=f_{11}''-f_{22}''$。

4. $\begin{cases}f_2'=\sin x\mathrm{e}^{\sin(xy)}\\ f_1'=2\sin x+\mathrm{e}^{\sin(xy)}\end{cases}$。

三. 积分计算题

1. $I=\int_{-1}^{0}\mathrm{d}y\int_{-\sqrt{1-y^2}}^{y+2}f(x,y)\mathrm{d}x$。

2. $\iint\limits_D(x\sin y+\cos x)\mathrm{d}x\mathrm{d}y=2(1-\cos 1)$。

3. $\iint\limits_D \mathrm{e}^{x^2+y^2}\mathrm{d}\sigma=\pi(\mathrm{e}-1)$。

4. $\dfrac{\pi}{64}$。

四. 综合题

1. 证略。

2. 当 $x=\dfrac{\pi}{6}$， $y=\dfrac{\pi}{6}$， $z=\dfrac{\pi}{6}$， $u=\dfrac{1}{8}$。

3. $V=\dfrac{1}{6}$。

4. $S=\frac{4}{3}$。

5. π 平面：$2(x-3)+(y+1)-4z=0$，即 $2x+y+z-5=0$。

姓名:__________ 学号:__________ 所在院系:__________ 所在班级:__________

微积分 II（B） 期中考之三

一. 填空题（每空 2 分，共 12 分）

1. 设 $z = x^y$，则 $\mathrm{d}z =$__________。

2. 已知向量 $\vec{a}$ 的坐标为 $\{2,3,1\}$，向量 $\vec{b}$ 的坐标为 $\{1,-2,1\}$，$\vec{a}$ 与 $\vec{b}$ 的点积为__________。

3. 已知 $f(x,y) = 9x^2 + \sqrt{(y-2)^5 \ln\sin x}$，求：$f_x'(1,2) =$__________。

4. $f(x,y)$ 在点 (x_0,y_0) 可微是 $f_x{}'(x_0,y_0)$，$f_y{}'(x_0,y_0)$ 存在的__________条件。

5. 已知 $D = \{(x,y) \mid x^2 + y^2 \leqslant 1\}$，则 $\iint\limits_D (x + y^3)\mathrm{d}\sigma =$__________。

6. 过点 $(1,2,1)$ 与点 $(2,1,5)$ 的直线方程为__________。

二. 计算题（每小题 6 分，共 36 分）

1. 求过点 $(1,2,1)$ 且和平面 $x + 3y + z = 1$ 平行的平面方程。

2. 已知三角形 ABC 三个顶点坐标分别为：$A(1,0,1)$，$B(0,1,2)$，$C(1,1,1)$，求：三角形 ABC 的面积。

3. 已知 $u = z^2 + \arctan\dfrac{y}{x}$，求 $\mathrm{grad}u\big|_{(1,1,1)}$。

4. 求曲面 $z = \dfrac{x^2}{2} + y^2$ 在点 $(2,1,3)$ 处的切平面方程。

5. 当 $(x,y) \to (0,0)$ 时，$f(x,y) = \dfrac{x+y}{|x|+|y|}$ 是否存在极限？若存在，求出极限值。

6. 求 $f(x,y)=x^2+3y^2-2x-6y+7$ 的极值。

三. 计算题（每小题 8 分，共 32 分）

1. 已知 $z=f(x+y,xy)$，且 f 具有连续二阶偏导数，求 $\dfrac{\partial^2 z}{\partial x\partial y}$。

2. 已知 $z=(x^2+y)^x$，求 $\dfrac{\partial z}{\partial x}$，$\dfrac{\partial z}{\partial y}$。

3. 求 $\iint\limits_D x\mathrm{d}\sigma$，其中 D 是由抛物线 $x=y^2$ 和直线 $y=x-2$ 所围成的区域。

4. 求内接于椭球面 $\dfrac{x^2}{4}+\dfrac{y^2}{9}+\dfrac{z^2}{16}=1$ 的最大长方体体积 V。

四. 计算题（每小题 10 分，共 20 分）

1. 计算累次积分 $\int_0^1 \mathrm{d}x\int_x^1 x^2\mathrm{e}^{-y^2}\mathrm{d}y$。

2. 由 $\mathrm{e}^z-xy-z=1$ 确定了 $z=z(x,y)$，求 $\dfrac{\partial z}{\partial x}$，$\dfrac{\partial^2 z}{\partial x\partial y}$。

微积分 II（B） 期中考之三解答

一．填空题

1. $z = x^y$；$\mathrm{d}z = yx^{y-1}\mathrm{d}x + x^y \ln x\mathrm{d}y$。
2. -3。
3. 18。
4. 充分（非必要）。
5. 0。
6. $\dfrac{x-1}{1} = \dfrac{y-2}{-1} = \dfrac{z-1}{4}$ 或 $\dfrac{x-2}{1} = \dfrac{y-1}{-1} = \dfrac{z-5}{4}$。

二．计算题

1. $x+3y+z-8=0$。
2. $\dfrac{\sqrt{2}}{2}$。
3. $\mathrm{grad}u\Big|_{(1,1,1)} = \{-\dfrac{1}{2}, \dfrac{1}{2}, 2\}$。
4. $2x+2y-z-3=0$。
5. 不存在。
6. $f(1,1)=3$ 为极小值。

三．计算题

1. $\dfrac{\partial z}{\partial x} = yf_1' + f_2'$；$\dfrac{\partial^2 z}{\partial x \partial y} = f_1' + y(f_{11}'' \cdot x + f_{12}'' \cdot 1) + f_{21}'' \cdot x + f_{22}''$。
2. $\dfrac{\partial z}{\partial x} = \mathrm{e}^{x\ln(x^2+y)}(\ln(x^2+y) + x \cdot \dfrac{2x}{x^2+y})$；$\dfrac{\partial z}{\partial y} = x(x^2+y)^{x-1} \cdot 1$。
3. $\dfrac{72}{5}$。
4. $V = \dfrac{64\sqrt{3}}{3}$。

四．计算题

1. 65π。
2. $\dfrac{\partial^2 z}{\partial x \partial y} = \dfrac{(\mathrm{e}^z-1)^2 - xy\mathrm{e}^z}{(\mathrm{e}^z-1)^3}$。

姓名:__________ 学号:__________ 所在院系:__________ 所在班级:__________

微积分 II（B） 期末考之一

应写出必要的解题步骤，（共 17 大题，第 1~16 题，每题 6 分，第 17 题 4 分，共 100 分）

1. 设向量 $\vec{a}=\{1,x,1\}$ 与向量 $\vec{b}=\{1,2,-1\}$ 的夹角 $(\vec{a},\vec{b})=\dfrac{\pi}{3}$，求 x。

2. 设 $M_0(2,-1,3)$ 是空间的一点，直线 L 的方程为 $\dfrac{x-1}{2}=\dfrac{y}{1}=\dfrac{z+2}{1}$，求：（1）过点 M_0 且与直线 L 垂直的平面方程；（2）点 M_0 到直线 L 的距离。

3. 求过点 $A(-2,1,4)$，且与直线 $\begin{cases}x+4y-2=0\\2x-y+3z-1=0\end{cases}$ 平行的直线方程。

4. 设函数 $z=y^{\frac{1}{x+1}}$，求 $\dfrac{\partial z}{\partial x}$，$\dfrac{\partial z}{\partial y}$，$\mathrm{d}z$。

5. 设函数 $f(u,v)$ 具有二阶连续偏导数，$z=f(x^2y,x)$，求 $\dfrac{\partial z}{\partial x}$，$\dfrac{\partial^2 z}{\partial x\partial y}$。

6. 设函数 $z=z(x,y)$ 由方程 $z+\ln z=2y+\ln x$ 所确定，证明 $2x\cdot\dfrac{\partial z}{\partial x}=\dfrac{\partial z}{\partial y}$。

7. 求函数 $f(x,y)=-x^2+2xy-4y^2+3$ 的极值（要判断是极大值还是极小值）。

8. 设函数 $f(x,y,z)$ 在点 M_0 处可微，且在点 M_0 处的梯度 $\mathrm{grad}f(M_0)=\{3,4,2\}$，求：(1) 函数 $f(x,y,z)$ 在点 M_0 处沿方向向量 $\vec{l}=\{2,1,-2\}$ 的方向导数 $\left.\dfrac{\partial f}{\partial \vec{l}}\right|_{M_0}$；(2) 函数 $f(x,y,z)$ 在点 M_0 处方向导数的最小值。

9. 计算二重积分 $\iint\limits_D \dfrac{y}{x^2}\mathrm{d}\sigma$，其中 D 是由直线 $y=2$，$y=x$ 及双曲线 $xy=1$ 所围成的平面有界闭区域。

10. 计算二重积分 $\iint\limits_D (y-x)\mathrm{d}\sigma$，其中区域 $D=\{(x,y)\big|x^2+y^2\leqslant 4, x\leqslant 0, y\geqslant 0\}$。

11. 计算三重积分 $\iiint\limits_\Omega \sqrt{x^2+y^2}\mathrm{d}V$，其中 Ω 是由圆锥面 $z=\sqrt{x^2+y^2}$ 与平面 $z=1$ 所围成的空间有界闭区域。

12. 计算第一类曲线积分 $\int\limits_L (x^2+xy)\mathrm{d}S$，其中 L 是直线 $y=3x$ 上点 $O(0,0)$ 与点 $B(1,3)$ 之间的一段。

13. 利用曲线的参数方程，计算第二类曲线积分 $I=\int_L(-y)\mathrm{d}x+x\mathrm{d}y$，其中 L 是沿上半椭圆周 $x^2+\dfrac{y^2}{4}=1$，$y\geqslant 0$，从点 $A(0,2)$ 到点 $B(1,0)$ 的一段弧。

14. 利用格林公式，计算：第二类曲线积分 $I=\oint\limits_L(\sin x^2-y)\mathrm{d}x+(x-\mathrm{e}^{\cos y})\mathrm{d}y$，其中 L 是圆周 $(x-2)^2+y^2=4$ 取逆时针方向。

15. 求微分方程 $y''-2y'-3y=0$，满足初始条件 $y\big|_{x=0}=3$，$y'\big|_{x=0}=1$ 的特解。

16. 求微分方程 $\dfrac{\mathrm{d}y}{\mathrm{d}x}-\dfrac{y}{x}=x\mathrm{e}^{-x}$ 的通解。

17. 讨论函数 $f(x,y)=\begin{cases}\dfrac{x^2(x^2+y)}{x^4+y^2}, & x^2+y^2\neq 0\\ 0, & x^2+y^2=0\end{cases}$，在点 $(0,0)$ 处的连续性。

微积分 II（B） 期末考之一解答

1. $x=\sqrt{\dfrac{6}{5}}$。

2. （1）$2x+y+z-6=0$；（2）$d=\sqrt{21}$。

3. $\dfrac{x+2}{4}=\dfrac{y-1}{5}=\dfrac{z-4}{-1}$。

4. $\dfrac{\partial z}{\partial x}=-\dfrac{\ln y}{(x+1)^2}\cdot y^{\frac{1}{x+1}}$；$\dfrac{\partial z}{\partial y}=\dfrac{1}{x+1}\cdot y^{(-\frac{x}{x+1})}$；$\mathrm{d}z=-\dfrac{\ln y}{(x+1)^2}\cdot y^{\frac{1}{x+1}}\mathrm{d}x+\dfrac{1}{x+1}\cdot y^{(-\frac{x}{x+1})}\mathrm{d}y$。

5. $\dfrac{\partial z}{\partial x}=2xyf_1'+f_2'$，$\dfrac{\partial^2 z}{\partial x\partial y}=2xf_1'+2x^3yf_{11}''+x^2f_{21}''$。

6. 证略。

7. $f(0,0)=3$ 极大值。

8. （1）$\dfrac{\partial f}{\partial \vec{l}}\Big|_{M_0}=2$；（2）$\min(\dfrac{\partial f}{\partial \vec{l}}\Big|_{M_0})=-|\mathrm{grad}f(M_0)|=-\sqrt{29}$。

9. $\dfrac{4}{3}$。

10. $\dfrac{16}{3}$。

11. $\dfrac{\pi}{6}$。

12. $\dfrac{4\sqrt{10}}{3}$。

13. $-\pi$。

14. 8π。

15. $y=2\mathrm{e}^{-x}+\mathrm{e}^{3x}$。

16. $y=x(-\mathrm{e}^{-x}+C)$。

17. 不连续。

姓名:__________ 学号:__________ 所在院系:__________ 所在班级:__________

微积分 II（B） 期末考之二

应写出必要的解题步骤（共 16 大题，共 100 分）

1.（6 分）沿向量 $\vec{a}=\{4,0,3\}$，方向取一向量 $\overrightarrow{AB}$，且 $\left|\overrightarrow{AB}\right|=10$，又有点 B 的坐标为 $(6,4,5)$，求：点 A 的坐标。

2.（6 分）求过点 $M_0(-1,0,3)$，且与两条直线 $\dfrac{x}{-2}=\dfrac{y-1}{3}=\dfrac{z-3}{0}$ 和 $\dfrac{x-1}{2}=\dfrac{y-4}{-1}=\dfrac{z}{2}$ 都平行的平面方程。

3.（6 分）设空间曲线 Γ 的方程为 $\begin{cases} z-x^2+y^2=0 \\ z+2y=1 \end{cases}$，求：（1）曲线 Γ 在 xOy 面上投影曲线 L 的方程；（2）曲线 L 绕 y 轴旋转一周而成的旋转曲面 Σ 的方程。

4.（6 分）设函数 $f(x,y)$ 具有一阶连续偏导数，且 $f_x'(3,2)=3$，$f_y'(3,2)=2$，又有 $z=f(2x-y,xy^2)$，求 $\dfrac{\partial z}{\partial x}\Big|_{(2,1)}$，$\dfrac{\partial z}{\partial y}\Big|_{(2,1)}$。

5.（6 分）设函数 $z=z(x,y)$ 由方程 $xz^3-y^2z=1$ 所确定，求 $\dfrac{\partial z}{\partial x}$，$\dfrac{\partial z}{\partial y}$。

6.（6 分）求函数 $f(x,y)=x^2(2+y^2)+y(\ln y-1)$ 的极值（要判别是极大值还是极小值）。

7.（6 分）设椭球面 Σ 的方程为 $x^2+2y^2+z^2-4=0$，$M_0(1,1,1)$ 是曲面 Σ 上一点，求：（1）曲面 Σ 上点 M_0 处指向内侧的单位法向量 $\vec{n}$；（2）函数 $f(x,y,z)=x^2+y^2+z^2$ 在点 M_0 处沿 $\vec{n}$ 方向的方向导数 $\left.\dfrac{\partial f}{\partial \vec{n}}\right|_{M_0}$；（3）函数 $f(x,y,z)$ 在点 M_0 处方向导数的最小值。

8.（6 分）计算二重积分 $\iint\limits_D \dfrac{x}{y}\mathrm{d}\sigma$，其中 D 是由 $y=2$，$y=x$ 及双曲线 $xy=1$ 所围成的平面有界闭区域。

9.（6 分）计算三重积分 $\iiint\limits_{\Omega} x^2 z\mathrm{d}V$，其中 Ω 是由平面 $x=1$，$y=0$，$y=x$，$z=0$，$z=2$ 所围成的空间有界闭区域。

10.（6 分）设第二类曲线积分为 $I=\int_L \mathrm{e}^x\cos y\mathrm{d}x+(y^2-\mathrm{e}^x\sin y)\mathrm{d}y$，其中 L 为沿上半圆周 $(x-1)^2+y^2=1$，$y\geqslant 0$，从点 $O(0,0)$ 到点 $B(2,0)$ 的一段弧，（1）验证该曲线积分与路径无关；（2）计算该曲线积分。

11.（6 分）求微分方程 $y''+4y=4x^2+6$ 的通解。

12.（6 分）求微分方程 $\frac{\mathrm{d}y}{\mathrm{d}x}=\frac{xy}{x^2+xy}$ 的通解。

13.（6 分）求微分方程 $(x^2+1)y''=2xy'$，满足初始条件 $y\big|_{x=0}=1$，$y'\big|_{x=0}=3$ 的特解。

14.（6 分）证明函数 $f(x,y)=\begin{cases}\dfrac{x^3y}{x^6+y^2}, & x^2+y^2\neq 0\\ 0, & x^2+y^2=0\end{cases}$，在点 $(0,0)$ 处不可微。

15.（8 分）计算 $\oint_L \mathrm{e}^{\sqrt{x^2+y^2}}\mathrm{d}S$，其中 L 为圆周 $x^2+y^2=1$，直线 $y=x$ 及 x 轴的第一象限内所围区域的边界。

16.（8 分）求内接于椭球面 $\frac{x^2}{a^2}+\frac{y^2}{b^2}+\frac{z^2}{c^2}=1$ 的最大长方体的体积 V。

姓名:____________　　学号:____________　　所在院系:____________　　所在班级:____________

微积分 II（B） 期末考之二解答

1. $A(-2,4,-1)$。
2. $6x+4y-4z+18=0$。
3. （1）L：$\begin{cases} x^2-y^2+2y=1 \\ z=0 \end{cases}$；（2）$\Sigma$：$x^2+z^2-y^2+2y=1$。
4. $\left.\frac{\partial z}{\partial x}\right|_{(2,1)}=8$，$\left.\frac{\partial z}{\partial y}\right|_{(2,1)}=5$。
5. $\frac{\partial z}{\partial x}=\frac{z^3}{y^2-3xz^2}$，$\frac{\partial z}{\partial y}=\frac{-2yz}{y^2-3xz^2}$。
6. $f(0,1)=-1$，极小值.
7. （1）$\vec{n}=\{-\frac{1}{\sqrt{6}},\frac{-2}{\sqrt{6}},-\frac{1}{\sqrt{6}}\}$；（2）$\left.\frac{\partial f}{\partial \vec{n}}\right|_{M_0}=-\frac{8}{\sqrt{6}}$；（3）$\min(\left.\frac{\partial f}{\partial \vec{n}}\right|_{M_0})=-2\sqrt{3}$。
8. $\frac{9}{16}$。
9. $\frac{1}{2}$。
10. （1）证略；（2）$I=\mathrm{e}^2-1$。
11. $Y=C_1\cos 2x+C_2\sin 2x+(x^2+1)$。
12. $y=C\mathrm{e}^{\frac{x^2}{2y^2}}$。
13. $y=x^3+3x+1$。
14. 证略。
15. $\mathrm{e}(2+\frac{\pi}{4}-2)$。
16. $\frac{8\sqrt{3}}{9}abc$。

姓名:__________ 学号:__________ 所在院系:__________ 所在班级:__________

微积分 II（B） 期末考之三

一. 填空题（每空 2 分，共 12 分）

1. 已知向量 $\vec{a}$ 的坐标为 $\{1,2,3\}$，它的模为________，方向余弦为________。

2. 已知向量 $\vec{a}$ 的坐标为 $\{1,1,-4\}$，向量 $\vec{b}$ 的坐标为 $\{1,-2,2\}$，$\vec{a}$ 与 $\vec{b}$ 的点积为______，两向量之间的夹角为________。

3. 过点 $(1,2,0)$ 与点 $(2,3,1)$ 的直线方程为________。

4. L 为单位圆上 $x^2+y^2=1$，则 $\oint_L (x^2+y^2)\mathrm{d}S=$________。

5. 已知 $f(x,y)=3x^2+\sqrt{x^9(y-2)^3}$，$f_x'(3,2)=$________

6. 方程 $\dfrac{\mathrm{d}y}{\mathrm{d}x}=2xy$ 的通解为________。

二. 计算题（每题 6 分，共 48 分）

1. 已知三角形 ABC，三顶点的坐标分别为 $A(1,2,3)$，$B(2,0,4)$，$C(0,1,3)$，求三角形 ABC 的面积。

2. 求过点 $(1,0,-2)$ 且与平面 $x-4y+2z-3=0$ 平行的平面方程。

3. 已知 $\mathrm{e}^z-3xy+z=0$ 确定了 $z=z(x,y)$，且 $z=z(x,y)$ 可微，求全微分 $\mathrm{d}z$。

4. 计算 $\iint\limits_D y\mathrm{d}x\mathrm{d}y$，其中 D 是由抛物线 $y^2=x$ 及直线 $y=x-2$ 所围成的区域。

5. 改变累次积分的次序，然后计算：积分 $\int_0^1 \mathrm{d}x\int_x^1 x^2\mathrm{e}^{-y^2}\mathrm{d}y$。

6. 解方程 $xy'-y=x^3\mathrm{e}^{-x}$。

7. 已知 $z=(x^2+y^2)^{xy}$，求 $\dfrac{\partial z}{\partial x}$，$\dfrac{\partial z}{\partial y}$。

8. 求 $\oint_L \dfrac{y\mathrm{d}x-x\mathrm{d}y}{x^2+y^2}$，其中 L 为圆 $x^2+y^2=1$，且取逆时针方向。

三. 计算题（每题 8 分，共 40 分）

1. 已知 $z=f(x-y,xy)$ 且 $f(u,v)$ 具有二阶的连续偏导数，求 $\dfrac{\partial^2 z}{\partial x\partial y}$。

2. 计算三重积分 $\iiint\limits_{\Omega}(x^2+y^2)\mathrm{d}x\mathrm{d}y\mathrm{d}z$，其中 Ω 为 $x^2+y^2+z^2\leqslant 1$，$z\geqslant 0$。

3. 计算 $\int_L (x^2-y)\mathrm{d}x-(x+\sin^2 y)\mathrm{d}y$，其中 L 是在圆周 $y=\sqrt{2x-x^2}$ 上由点 $(0,0)$ 到 $(1,1)$ 的一段弧。

4. 求由曲面 $z = x^2 + 2y^2$ 及 $z = 6 - 2x^2 - y^2$ 所围立体的体积。

5. 已知 $y'' + 2y' + y = 2\mathrm{e}^{-x}$，求通解 y。

姓名:__________ 学号:__________ 所在院系:__________ 所在班级:__________

微积分 II（B） 期末卷之三解答

一．填空题

1. $\sqrt{14}$；$\{\frac{1}{\sqrt{14}},\frac{2}{\sqrt{14}},\frac{3}{\sqrt{14}}\}$。

2. -9；$\frac{3}{4}\pi$。

3. $\frac{x-1}{1}=\frac{y-2}{1}=\frac{z-0}{1}$。

4. 2π。

5. 18。

6. $y=Ce^{x^2}$。

二. 计算题

1. $\frac{\sqrt{11}}{2}$。

2. $1\cdot(x-1)+(-4)\cdot(y-0)+2\cdot(z+2)=0$，即 $x-4y+2z+3=0$。

3. $dz=\frac{3y}{e^z+1}dx+\frac{3x}{e^z+1}dy$。

4. $\frac{333}{20}$。

5. $\frac{1}{6}-\frac{1}{3e}$。

6. $y=x(C-xe^{-x}-e^{-x})$。

7. $\frac{\partial z}{\partial x}=e^{xy\ln(x^2+y^2)}\cdot(y\cdot\ln(x^2+y^2)+xy\cdot\frac{2x}{x^2+y^2})$；

$\frac{\partial z}{\partial y}=e^{xy\ln(x^2+y^2)}\cdot(x\cdot\ln(x^2+y^2)+xy\cdot\frac{2y}{x^2+y^2})$。

8. -2π。

三. 计算题

1. $\frac{\partial z}{\partial x}=f_1'\cdot1+f_2'\cdot y$；$\frac{\partial^2 z}{\partial x\partial y}=f_{11}''\cdot(-1)+f_{12}''\cdot x+f_2'+y(f_{21}''\cdot(-1)+f_{22}''\cdot x)$。

2. $\frac{3\pi^2}{40}$。

3. $\frac{\sin2}{4}-\frac{7}{6}$。

4. 6π。

5. $y=(C_1+C_2x)e^{-x}+x^2e^{-x}$。

II(B) 参考文献

[1] 吴正昌，蔡燧林，孙海娜．微积分学（下册）第二版．高等教育出版社, 2013.12.
[2] 王式安，蔡燧林，胡金德．考试虫考研数学（一）真题讲解，航空工业出版社, 2006.3.
[3] 王式安，蔡燧林，胡金德，丁丽娟．考研数学基础教程，航空工业出版社, 2004.7.
[4] 同济大学数学教研室主编．高等数学（下册）第四版．高等教育出版社, 2002.7.
[5] 吴赣昌．高等数学（下册）理工类第三版．中国人民大学出版社, 2010.7.